ポートとソケットが わかれば インターネットがわかる

小川晃通 著

TCP/IP・ネットワーク技術を学びたいあなたのために

技術評論社

● 免責

　本書に記載された内容は，情報の提供だけを目的としています。したがって，本書を用いた運用は，必ずお客様自身の責任と判断によって行ってください。これらの情報の運用の結果について，技術評論社および著者はいかなる責任も負いません。

　本書記載の情報は，2016年10月現在のものを掲載していますので，ご利用時には，変更されている場合もあります。

　また，ソフトウェアに関する記述は，特に断わりのないかぎり，2016年10月現在でのバージョンをもとにしています。ソフトウェアはバージョンアップされる場合があり，本書での説明とは機能内容や画面図などが異なってしまうこともあり得ます。本書ご購入の前に，必ずバージョン番号をご確認ください。

　以上の注意事項をご承諾いただいたうえで，本書をご利用願います。これらの注意事項をお読みいただかずに，お問い合わせいただいても，技術評論社および著者は対処しかねます。あらかじめ，ご承知おきください。

● 商標、登録商標について

・本書に登場する製品名などは，一般に各社の登録商標または商標です。なお，本文中に™，®などのマークは特に記載しておりません。

はじめに

こんにちは。本書を手に取っていただき、ありがとうございます！

本書は、これからインターネットに関連する通信技術を学びはじめる方々が第一歩を踏み出しやすくなるような読み物を目指しました。

インターネットを取り巻く技術は、インターネットの普及や発展とともに複雑化し続けています。

いまある形だけを見ても、わかりにくいのは、「なんでこうなってるの？」という経緯が欠落しているからではないかと筆者は考えたので、本書ではそういった話をちりばめるなどの工夫をしています。

「わかりやすさ」を目指して、技術的に細かい話をバッサリと切り落としたりもしています。

しかし、ただ単純に「わかりやすさ」だけを追求したのでは、あまり面白くない部分もどうしても出てきてしまいます。そのため、ところどころに多少マニアックな話もイースターエッグのように入っています。

「ここに書いてあることは大半は知っている」といった方々にとっても、「あ！これは知らなかった」と思っていただけたり、「あ、これを書いたのね」とニヤッとしていただけると幸いです。

本書は「わかりやすさ」を目指したものですが、ひととおりご覧いただいたうえで「最後に」に書いてあるオチも、お楽しみいただければと思います。

2016年 初冬

小川晃通

謝 辞

　本書の絵を描いていただいた『小悪魔女子大生のサーバエンジニア日記』の aico さん、彼女とのコラボレーションを提案してくれた技術評論社の池本さんに感謝します。「こういう内容の絵をお願いします」と言って絵を描いてもらったのですが、aico さんが表現した絵に私の視野の狭さを気づかされることが非常に多かったです。本書を完成させるにあたり、さまざまな意見をいただいた皆さん（50 音順）に感謝します。

NTT コミュニケーションズ株式会社
　五十嵐綾 様

株式会社オルトプラス
　中田聡 様　和田正人 様

株式会社サイバーエージェント
　黒崎優太 様

株式会社 Socket
　前當祐希 様

株式会社 DMM.com ラボ
　佐々木健 様

さくらインターネット株式会社
　伊勢幸一 様　大八木健太 様　田方康雄 様　成田政紀 様　西田有騎 様
　森宣博 様　由井文 様

森下泰宏 様

　専門的な見地からの助言や感想をいただけたことを、お礼申し上げます。皆さんの意見のおかげで本書の品質が数段あがりました。皆さんの協力なしに、本書完成は不可能でした。本当にありがとうございました！

目次 Contents

はじめに iii
謝辞 iv

第 0 章
インターネットの仕組みを
わかりたいあなたへ

0.1	なぜインターネットが普及したのか？	2
0.2	ソケットとポートで説明する理由	3
0.3	「ソケット」や「ポート」という概念は「インターネット」よりも古い	5
0.4	UNIX的な視点	6
0.5	ネットワークという視点	8
0.6	読んでほしい読者像	9

第 1 章
Webを見ているときに
起きていること

1.1	スマホでWebサイトを見るとき、何が起きているのか？	12
1.2	Webの住所、URL	14
1.3	URLを指定されたWebブラウザの動作	16
1.4	IPアドレス	17
1.5	TCPの80番ポートに接続する	22
1.6	HTTPのリクエストメッセージを送信する	25
1.7	HTTPメッセージを受け取り、表示する	28
1.8	www.example.comからコンテンツを取得してみる	31
1.9	Webサーバからデータを取得するプログラムはこう書ける	33
1.10	「HTTPだから簡単にできる」という側面も	36

第 2 章
インターネットとUNIXとソケット

- 2.1 ソケットとは何か？──その仕組みを探る ... 40
- 2.2 パソコンの中の執事、「カーネル」 ... 40
- 2.3 さまざまな作業を並行して実行！ ... 42
- 2.4 プロセス間通信 ... 43
- 2.5 UNIXにおける抽象化 ... 46
- 2.6 通信の「入り口」となるソケット、何と通信するかを指定する「ポート」 ... 49
- 2.7 次はインターネットそのものの話です ... 51

第 3 章
インターネットの仕組み

- 3.1 データがどうやって届くのか？ ... 54
- 3.2 パケット交換方式の仕組み ... 54
- 3.3 パケットを転送するルータ ... 57
- 3.4 ルーティングテーブルに掲載される「ネットワーク」 ... 62
- 3.5 小規模なネットワークでの静的なルーティングテーブル生成例 ... 66
- 3.6 デフォルトゲートウェイ ... 68
- 3.7 小規模ネットワークでの動的なルーティングテーブル生成 ... 69
- 3.8 ネットワーク内のルーティングとネットワーク間のルーティング ... 70
- 3.9 AS (Autonomous System) とルーティング ... 71
- 3.10 BGP (Border Gateway Protocol) ... 75
- 3.11 IPv4パケットの形 ... 77
- 3.12 層に分かれるネットワーク ... 82

第 4 章
TCPとUDPとポート番号

4.1	パケットが届く、その裏側では何が起きているのか？	86
4.2	複雑な処理は末端に任せる	88
4.3	到達性を保証するTCP	90
4.4	セッションの識別と「ポート番号」 ──複数の通信を同時にできる仕組み	92
4.5	TCPパケットを扱うカーネル	95
4.6	TCPによる接続の確立	98
4.7	TCPによる輻輳制御機構	99
4.8	UDP (User Datagram Protocol)	104
4.9	投げっぱなしジャーマンスープレックス！	105
4.10	分身の術！	107
4.11	UDPパケットのフォーマット	109

第 5 章
DNSと「名前」

5.1	名前解決とは何か？	112
5.2	DNSの仕組み	114
5.3	キャッシュDNSサーバによる反復検索	115
5.4	ルートサーバ	118
5.5	リソースレコード	121
5.6	キャッシュの有効時間	122
5.7	ネガティブキャッシュ	124
5.8	名前空間とも関連があるインターネットガバナンス	127

第6章
インターネットのガバナンス

- 6.1 誰がルールを決めているのか、ご存じですか？ 130
- 6.2 インターネットの通信プロトコルを作るIETF 131
- 6.3 IETFによる標準化とは何か？ 132
- 6.4 RFCには何が書かれているのか？ 134
- 6.5 番号や名前などの資源を管理するIANA 136
- 6.6 IPアドレスやAS番号の割り振り 137
- 6.7 インターネットのプロトコルを作るIETFと番号資源を管理するIANA 140
- 6.8 ルートゾーンとIANAとICANN 140
- 6.9 レジストリ／レジストラ 142
- 6.10 ccTLDのレジストリ 144
- 6.11 次はプログラミングです 146

第7章
ネットワークプログラムを書いてみよう！

- 7.1 C言語でネットワークプログラミング 148
- 7.2 C言語を使える環境を用意しよう 148
- 7.3 ソケットを利用したTCPプログラミング例 149
- 7.4 TCPの送信元ポート番号を設定する 158
- 7.5 UDPのプログラミング例 161
- 7.6 UDPでの返信の例 167
- 7.7 getaddrinfo 169
- 7.8 IPv6とIPv4のどちらを使うべきか――Happy Eyeballs 172
- 7.9 TCPやUDP以外のソケット 174

第 8 章
ネットワークコマンドの使い方

8.1	pingとtracerouteを使ってみよう！	176
8.2	ping/ping6	176
8.3	traceroute/tracert/traceroute6	181
8.4	tracerouteの仕組み	183
8.5	最後の1ホップ	184
8.6	digコマンドを使ってみよう	187
8.7	Wireshark	191
8.8	TCPストリームの追跡	193
8.9	次はIPv6の紹介	194

第 9 章
IPv4とIPv6の違いとは何か？

9.1	IPv4とIPv6のデュアルスタック	196
9.2	IPv4とIPv6の両方を使う場合のソケットとポート	196
9.3	IPv4とIPv6による「2つのインターネット」	198
9.4	IPv4とIPv6はまったく別のプロトコル	201
9.5	そのほかにもいろいろと違いが	203
9.6	名前空間は共有している	204
9.7	IPv4とIPv6とDNS	205
9.8	IPv4とIPv6のどちらを使うのか判断するのはユーザ側	207
9.9	次はNATの話です	209

第 10 章
NATはどのように
アドレス変換しているのか？

10.1	とても重要なNAT	212
10.2	一般的な家庭内LAN	212

10.3	NATが使われるようになった理由	214
10.4	プライベードIPアドレス	216
10.5	IPアドレスとポート番号を変換するNAT	217
10.6	NATの動作例	222
10.7	NATテーブルに含まれるエントリの削除	227
10.8	TCP以外のプロトコルも	229
10.9	増える大規模NAT	230
10.10	IPv6とNAT	232
10.11	次はサーバの仕組みです	234

第11章
インターネットとサーバの関係

11.1	インターネット上でサーバを運用する話	236
11.2	TCP接続を受け付けるWebサーバ	237
11.3	Webサーバの限界と対処	240
11.4	スケールアウト	241
11.5	Webサイトの裏側をスケールアウト	242
11.6	Web 3層構成	246
11.7	Webサイトの受付口をスケールアウト	248
11.8	ロードバランサ	251
11.9	大規模な配信を手伝うCDN	252
11.10	物理サーバ、仮想サーバ、仮想ネットワーク、クラウド	253
11.11	日進月歩の世界です	255

索引	256
おわりに	260

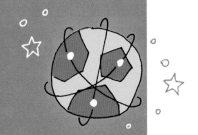

第 **0** 章
chapter0

インターネットの仕組みを
わかりたいあなたへ

第 **0** 章　インターネットの仕組みをわかりたいあなたへ

0.1　なぜインターネットが普及したのか？

　多くの人々にとって、インターネットは「簡単につながって、簡単に情報を見られるもの」です。たとえば、スマホをちょちょいといじれば、地球の裏側にあるコンテンツだって見られますし、国境を越えたメールのやり取りもできてしまいます。

　そもそも、手もとの機器の中に世界中のコンテンツがそのまま入っているかのような錯覚にユーザが陥ったり、国境がどこに存在しているのかもわからなくなってしまうのがインターネットです。

　そんな便利なインターネットですが、それを使う通信プログラムも単純なものであれば簡単に作れます。「裏で何がどう動いているのかあまりよくわからないけど、なんとなく正しく動いている気がする」そんな感覚であっても、通信を行うプログラムを書けてしまうのです。

　一見いい加減な感じもしますが、実はそういった「簡単にできる」と思わせてしまう部分がインターネットを爆発的に普及させた要因とも言えます。

　この「簡単にできると思わせる」というのは、「自分の責任範囲以外は基本的に気にしない」というインターネットの設計思想から来ているのではないかと筆者は考えています。

　「私はここまではきちんとやる」という挙動が、インターネットのいたるところに存在していますが、それは各自が仕事を分担したうえで互いに協調することを意味します。分散して存在する各自が自律しつつ協調する、「自律分散協調」は、インターネットを示す重要なキーワードなのです。

　人類は、狩猟採集から農業を行うようになって文明が発展しましたが、それは農業を行うことによって特定の土地に住み着き、さらに分業を行うようになったためであるという説があります。狩猟採集で生活を維持する場合、各個人はそれぞれ各自で狩猟採集を行うような生活になりがちです。一方で、農業をするようになると、それぞれが独自の専門性を持った職業が形成されるようにな

2

り、分業が進んでいきます。分業が行われることにより、それぞれの専門性が徐々に深まり、より高品質なものが作れるようになっていったという説[注1]です。

インターネットにもそういった側面があるような気がしています。インターネットが登場する以前のネットワークというのは、各社が独自規格を提唱していました。各社の独自規格は、それぞれが独自に各種機能を提供するものであり、狩猟採集のような状態です。各ネットワークを構成する要素技術は、今と比べると小規模であり把握しやすい規模でした。インターネットは、「つながるための仕様」を公開し、みんながそれに従った機器を作ることで、分業が可能になりました。分業が進むと、各専門分野が自律分散的に発展していきました。農業の開始によって分業が進み、こうして文明の発展のように、インターネットを構成する各種機器やインターネットを運用する組織が分業を行うことによって、インターネットは急速に発展していきました。

0.2　ソケットとポートで説明する理由

このようにインターネットは自律分散協調によって成り立っていますが、各自が個々の責任範囲内でものごとを行っているということは、それぞれの視点によって見え方が変わってくることを意味しています。どういった視点で観測するかによってインターネットがどう見えるのかが変わるのです。そのため、インターネットについて語るときには、どういった視点で何を見ているのかが非常に重要になるわけですが、本書は「ソケットとポート」という切り口を中心としています。

socketという英単語の日本語訳は「受け口」「コンセント」「差し込み口」などです。身近なものでは、電球を差し込む口や、CPUやチップなどを差し込む

注1）『銃・病原菌・鉄』という本が有名です。
　　　銃・病原菌・鉄(上巻)ジャレド・ダイアモンド (著)、倉骨彰 (翻訳)、2000年10月2日、草思社、ISBN：978-4-7942-1005-0、(下巻) ISBN：978-4-7942-1006-7

第0章 インターネットの仕組みをわかりたいあなたへ

部位が「ソケット」と呼ばれています。英単語としては、何かをつなぎ込むためのものが「ソケット」ですが、プログラミングにおける「ソケット」は、通信を行うための「口」です。

ユーザは、ソケットにデータを書き込んだり、ソケットからデータを読み出したりすることでインターネットを利用した通信を行います。

「ポート」という英単語は、入り口や門という意味を持つフランス語のporteやラテン語のportaに由来しています。コンピュータ関係では、情報の出入り口を「ポート」と表現することが多いです。ネットワーク機器に対して通信ケーブルを接続する部分も「ポート」と表現されます。たとえば、「このルータの3番ポートにイーサネットケーブルを接続してください」といった感じです。インターネットを利用したネットワークプログラミングにおいて「ポート」というのは、接続相手とつながる場合の識別子になります。「このサーバの80番ポートと通信したい」といった感じです[注2]。

「ソケットとポート」というのは、インターネットのユーザにとっては、通信の出入り口でもあるため、この視点はインターネットに接続したユーザを強く意識したものといえます。インターネットを利用するアプリケーションが、どのようにインターネットを利用するのかという視点から始まり、そこから徐々に広げて見ていこうという流れです。

注2) 本書の範疇外ですが、ソフトウェアを別の環境に移植することも「ポート」と呼びます。

0.3 「ソケット」や「ポート」という概念は「インターネット」よりも古い

　インターネットにおいて、ソケットとポートは、かなり古くから存在している概念です。本書で扱う「ソケット」や「ポート」とは意味合いが異なるものの、単語としては「ソケット」や「ポート」は、「インターネット」という単語が生み出されるよりも前から使われているのです。

　インターネットに関連する各種仕様は、RFC（Request For Comments）という公開資料にまとめられています。RFCの文書番号は新しい文書とともに増加していくので、基本的に文書番号が小さいほど昔のものになります。「インターネット（internet）」という単語が初めて登場するRFCは、1974年に発行されたRFC 675です。1973年に発行されたRFC 604とRFC 606で実験中のものとして「Internetworking Protocol」という単語が登場しますが、それを略して「internet」としたのはRFC 675が初です。

　インターネットの前身であるARPANETが運用開始されたのは1969年でした。そのあと、ARPA（高等研究計画局）のロバート・カーン氏と、スタンフォード大学のヴィント・サーフ氏らによって現在のインターネットの基礎となる研究が開始されたのが1973年です。1974年に発行されたRFC 675は、その研究成果を記した文章ですが、その中で、複数のネットワークを接続させることを「internetworking」としており、それを短縮した単語として複数のネットワークによって構成される「ネットワークのネットワーク」の名称を「internet」としています。

　一方、「ポート」という概念が登場し始めるのは、1970年に発行されたRFC 33からです。RFC 33から約1年後の1971年5月に発行されたRFC 147は、「The Definition of a Socket」（ソケットの定義）というものです。このように、「ソケット」と「ポート」という単語は、「インターネット」という単語が生まれるよりも前から使われているのです。「ソケット」や「ポート」という概念をうまく実現する手法を研究していったら、「インターネット」ができあがったの

かもしれません。

0.4 UNIX的な視点

　コンピュータは、OS（Operating System）と呼ばれる基本ソフトウェアによって制御されます。世の中には、さまざまな種類のOSが存在していますが、本書はUNIX（UNIX系OS）と呼ばれるOSを前提とした視点で語っています。
　UNIXは、AT&Tのベル研究所で開発されたOSです。

1つのコンピュータで同時に複数の作業を行ったり（マルチタスク）、複数のユーザが利用できる（マルチユーザ）というのが大きな特徴でした。

昔は、1つのコンピュータが同時にできる作業は1つだけであるという制約も多かったため、UNIX開発当初は、マルチタスクやマルチユーザは最先端でした。

ベル研究所で開発されたUNIXは、さまざまなOSへと派生していきました。「UNIX系OS」と表現されるのは、非常に多くの派生OSが存在するためです。

本書執筆時点で、非常に多く利用されているUNIX系OSの例として、Apple社のmacOSが挙げられます。Webやメールなどの各種サーバではLinux[注3]が多く利用されています。スマートフォンなどで利用されるGoogle社によるAndroidもLinuxをもとに作られています。

1970年代に開発されたUNIXは、インターネットの誕生と密接にかかわっています。インターネットの研究がUNIXを利用して行われることもありましたし、インターネットの普及にはTCP/IPを標準で持つUNIX系OSである4.2 BSDの存在が非常に重要でした。

インターネットの発明と普及に非常に重要な役割を果たしたUNIXですが、ベル研究所で開発されたUNIXは、C言語[注4]というプログラミング言語で作られました。C言語は、1960年代末から1970年代にベル研究所で開発されました。

C言語とUNIXとインターネットは、同じ時期に誕生していることもあり、インターネットはC言語とUNIXを前提とした考え方が各所に含まれています。

最近は、C言語よりも便利なプログラミング言語が非常に多くあるので、C言語を必要とする人が減っていますが、そういった便利な環境が増えたために、逆にUNIXやインターネットが難解で勉強しづらいものになっているようにも感じています。

インターネットが一般向けに普及しはじめたころにインターネットを利用し

注3)　「LinuxはUNIXではない」と言われることもありますが、LinuxもUNIX系のOSというまとめかたで紹介しています。
注4)　「プログラミング言語C」と言うべきかもしれませんが、本書では「C言語」と表現してしまいます。

第0章　インターネットの仕組みをわかりたいあなたへ

ていた世代の人々は、今よりも不便な環境でコンピュータを利用していました[注5]。しかし、その不便さのおかげで基本的な部分を一歩ずつ勉強できたのかもしれません。最初から便利になった環境で、「このボタンを押すといいよ」というような手順書に従っているだけでは、その手順書の裏側にあるものを理解しにくいというデメリットもありそうです。

　そういった背景もあり、本書ではソケットという舞台裏に少し近いテーマを扱いつつ、多くのサンプルプログラムをC言語で表現しています。

0.5　ネットワークという視点

　本書は、「ソケットとポート」という切り口でまとめていますが、インターネットそのものの仕組みも紹介しています。「ソケットとポート」という抽象化によって便利になっている反面、ユーザが認識しにくくなっている、「実際はどうやって通信しているの？」という部分です。

　インターネットを利用する通信プログラムを書いたり、インターネットそのものがどのような構造で動いているのかを知りたいと思ったときには、すでに専門性が高まってしまった状態を見るよりも、初期の思想を含めて見たほうがわかりやすいことが多いです。「今どうなっているか？」だけを見てもわかりにくいことも、「なぜそういった仕組みになっているのか？」の「Why？」を知ると、急に納得できたりもします。

　筆者が学生だった1990年代前半は、通信プログラムを書くのであればソケットを直接使うという選択が一般的でしたが、昨今は非常に便利なツールやライブラリが用意されているので、直接ソケットを使わなくても良いことが多くなりました。

注5)　当時としては最先端であり、今となっては不便であったとしても、さらに昔と比べると便利にはなっているのでしょうが。

そのため、最近では、「ソケット」や「ポート」というものが存在していることを知らずにプログラムを書き続けている技術者に出会うこともあります。電話の仕組みを詳しく知らなくても電話をかけられるのと同様に、インターネットそのものの仕組みを意識しなくても通信プログラムを書けてしまうほど技術が発展してきたのかもしれません。技術が発展することによって、逆に技術の裏側を認識しにくくなっているとも言えそうです。

そのような背景から、「ソケット」と「ポート」という切り口から入りつつ、インターネットを利用した通信を紹介したら面白いのではないかという考え方で本書を構成しました。「ソケット」と「ポート」は、通信を行うための抽象化ですが、それらはユーザから見た通信の入り口であるとも言えます。そういった通信の入り口から話を始めつつ、徐々にインターネットそのものを解説していくことを本書は目指しています[注6]。

0.6 読んでほしい読者像

本書が想定している読者は、「これまでさまざまな形でインターネットを使ってきたけど、インターネットを使った通信を行うプログラムを書いたことがない」とか「いろいろな形でネットを使った情報発信をしてきたけど、サーバ運用まではやったことがなく、漠然とやってみたいと思っている」といった方々です。

コンピュータやネットワークに限らず、何かに関して最初の一歩を踏み出すのはたいへんなものです。まったく何もわからない状態だと、「プログラミング」とか「通信技術」という単語を見ただけで「難しそうだ。無理」といった感想を持ってしまいがちです。そもそも、どこで何をすることで勉強を開始して

注6) 実際は、「ソケットとIPアドレスとポート」だったりもするわけですが、そこら辺は「編集上の都合」で「ソケットとポート」になっています（汗）。

第 0 章　インターネットの仕組みをわかりたいあなたへ

良いのかもわからないという状態にも陥（おちい）りがちです。

　しかし、最初の一歩から二歩目に行くのは、比較的容易であることが多いのです。なにごとも、最もハードルが高いのは最初の一歩ではないでしょうか。そこで、本書では、まず最初の一歩としてインターネットを使ったプログラミングを行う際の概観を感じていただくことを目指してみました。たとえば、山を登ろうとするときに目指す先がどこにあるのかがまったく見えない状態よりも、おぼろげながらであったとしても全体像が見えたほうが登りやすくなります。

　では、どうやって読者の方々に最初の一歩を踏み出していただくかですが、まずは本書に対して興味を持っていただかないと意味がありません。そこで編集者の方が思いついたのが、aico さんとのコラボ企画です。aico さんは『小悪魔女子大生のサーバエンジニア日記』という本を描いていることもあり、通信技術などのイラストを表現するための引き出しを多く持っています。しかも、絵が「かわいい」のです。「かわいいは正義」という言葉がありますが、「かわいい」というのは強いのです。たとえ、筆者がアラフォーのオッサンだとしても、そこに掲載されている挿絵が楽しげであれば許される場合もあるかもしれません。内容が多少ディープになる部分があったとしても、「かわいい」からこそ読んでいただける、そんなこともあるかもしれません。

　そのうえで、その「aico さんの個性」を崩さないように噛み砕いた読みやすい文章をどこまで書けるのかというのが、今回の筆者の大きな挑戦でした。かわいい、読みやすい、多少マニアックな部分を含む、という 3 つの要素をどこまで入れることができているのかは、読んでくれた読者の方々の判断に委ねる形になりますが、本書が、「自分でもインターネットを利用する何かを作ってみたいけど最初の一歩を踏み出す方向性がわからない」という方々の助けになれば幸いです。

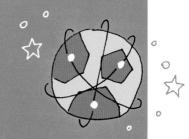

第 **1** 章
chapter1

Webを見ているときに
起きていること

第1章　Webを見ているときに起きていること

スマホでWebサイトを見るとき、何が起きているのか？

　Windows 95がリリースされた頃[注1]の話です。Webを閲覧するためのWebブラウザであるIE（Internet Explorer/インターネットエクスプローラ）のアイコンに「インターネット」と記述されているのを見て、「Webのことをインターネットって表現するな！」という意見が数多く聞かれました。Webはインターネットを使ったサービスの1つであり、通信を実現するネットワークであるインターネットそのものではないのです。

　それから20年以上が経過したわけですが、気が付いてみればWebのことを「インターネット」と呼ぶ人が非常に増えており、Webこそがインターネットを代表する用途の1つとも言える状況になったように思えます。

　最新のニュース、天気予報、交通案内、面白映像など、さまざまな情報を手もとの機器でささっとWebで見ることが生活の一部として自然に行われるようになっています。

　このように、いまや非常に多くの人々が日常的に利用するようになったWebですが、手もとのスマホでWebを閲覧するときに、何が起きているのでしょうか？

　日々更新されていく情報がどこにどのように存在していて、それらがどのように手もとの機器に表示されるのかまでを考えて使っている人は少ないのではないでしょうか。

　Webを見るときに手もとの機器がインターネットを利用した通信を行っていることを意識せずに使っていると、手もとの機器に世界中のすべての情報が詰まっているように錯覚することもあるようです[注2]。

注1) 　Microsoft Windows 95 Operating Systemは、世界的に大ヒットしたOSです。1995年に発売されました。日本での発売開始にWindows 95を求める人が秋葉原で並ぶ姿などがテレビで放映され、話題になりました。発売当初のバージョンには、WebブラウザであるInternet Explorerは標準搭載されていませんでしたが、その後のアップデートで標準搭載されるようになりました。

注2) 　「最初からスマホの中に情報があるわけじゃないよ」と中学生に言ったら驚かれたことがあります。

1.1 スマホでWebサイトを見るとき、何が起きているのか？

　しかし、実際には必要に応じて手もとの機器がインターネットを通じて必要な情報を取得しています。手もとの機器は、インターネットに接続された「Webサーバ」からWebで提供されている情報を取得しているのです。

図1.1 インターネットに接続されたWebサーバ

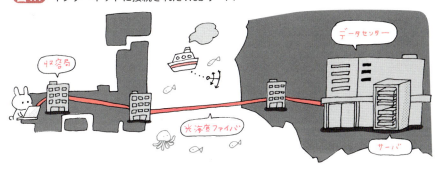

　概念的な話ばかりになってしまうとわかりにくくなるので、まずは日本にいるユーザがアメリカにあるサーバと通信する場合の物理回線の例を具体的に考えてみます。インターネットは魔法ではないので、何らかの物理回線を通じて通信が行われます。単一の事業者がインターネットを構成する世界中の物理回線をすべてを管理しているわけではなく、各所でさまざまな事業者が独自に用意したものが利用されています。世界中のさまざまな組織が用意している物理回線をつなぎ合わせて実現されているのがインターネットなのです。

　今回の例の全体像としては、**図1.1**のようになります。ここでは、次のように回線を分けて考えてみます。

・家庭内LAN
・家庭から収容局まで
・収容局から陸揚局までの日本国内回線
・太平洋横断回線
・陸揚局からデータセンターまでのアメリカ国内回線
・データセンター内の回線

第 **1** 章　Webを見ているときに起きていること

　ユーザの通信が最初に通過する物理回線は、家庭内LANです。これは、各家庭が自分で用意するものです。LANケーブルや無線LANなどが利用されます。

　次に通過するのが、各家庭から収容局までの物理回線です。各家庭までの回線は「ラストワンマイル」と呼ばれることがありますが、光ファイバや銅線による有線回線や、モバイル通信サービスなどによる無線回線などが考えられます。

　各収容局は、ほかのエリアと光ファイバで接続されています。今回の例のように、日本からのデータをアメリカまで運ぶには、太平洋を越えた通信が必要になります。太平洋を越える通信は、海底に敷設された光海底ファイバを通じて行われますが、光海底ファイバを陸上にある回線とつなげているのが光海底ファイバの陸揚局です。この光海底ファイバ陸揚局までの通信は、単一の事業者が提供する回線だけが利用される場合もあれば、複数の事業者が用意するものをまたぐ場合もあります。

　光海底ファイバを通じてアメリカ本土に到達したデータは、アメリカ国内での伝送を行う光ファイバ網を通ってアメリカ国内にあるデータセンターまで運ばれます。最後に、データセンター内に敷設されたLANを通じてアメリカ国内にあるサーバとの通信が実現します。

　このように、インターネットを利用して海外にある機器と通信が行えるのは、何らかの物理的な方法によって手もとの機器から海外まで通信が行える回線が、さまざまな事業者によって整備されているためです。インターネットは、さまざまな運営主体が、さまざまな種類の機器を互いにつなぎ合って構成された世界的な巨大ネットワークなのです。

1.2　Webの住所、URL

　世界中に無数のWebサーバがありますが、どこのどのようなWebサーバに保存されている、どのような情報を取得するのかという「Webの住所」とも言

える情報を表現したものがURL（Uniform Resource Locator）です[注3]。

URLの例として、「http://www.example.com/welcome.html」を考えてみましょう。

URLは、Webだけを表現したものではなく、Web以外のリソースも表現できる仕組みになっています。URLは、スキーム（scheme）とそれぞれのスキームに応じた表現を行う部分の2つに分かれています。スキームというのは、計画、体系、仕組みといった意味を持つ英単語ですが、URLの先頭部分にあるスキームは、そのURLがどういった物を示すものであるかを表現しています。

Webの通信であることを示すスキームは「http」や「https」です。httpというのは、HyperText Transfer Protocolの略です。HTTPは、Webを閲覧するためのWebブラウザとWebサーバの間でコンテンツをやり取りするための方法を規定したものですが、URLの最初の部分が「http」になっていると、「これはWeb通信ですよ」ということを示しています（**図1.2**）。「https」は、通信を暗号化することで盗聴や改竄を防ぎ、セキュア（安全）な接続のうえでHTTPによる通信を行います。

図1.2 URLの例（scheme:schemeごとの表現）

http://www.example.com/welcome.html
　↑　　　　↑　　　　　　↑
スキーム　　ホスト　　　　　パス

スキームがhttpやhttpsとなっているURLでは、「http://ホスト/パス」や「https://ホスト/パス」という表現になります。ホストは、「このサーバにWebのコンテンツがありますよ」ということを示しています。この例では、スキームの次に続く「www.example.com」部分がホストです。

最後の「/welcome.html」の部分が、パス（Path）です。Pathという英単語

注3） 本書では、説明を簡潔にするためURIと表記すべき部分もURLと表記している部分があります。

第**1**章　Webを見ているときに起きていること

は、経路や道順といった意味を持つ英単語です。スキームがhttpやhttpsとなっているURLのパス部分は、そのホストに対して「このコンテンツが欲しい」と要求するためのものです[注4]。この例では、「www.example.com」というスキームがhttpやhttpsとなっているホストに対して、「/welcome.htmlをください」と要求を出すURLになっています。

1.3 URLを指定されたWebブラウザの動作

　Webブラウザは、指定されたURLに応じて必要な通信を行います。ユーザがURLを指定する方法としては、Webページの特定の部分をクリックしたり、URLを直接入力したり、Webブラウザのブックマークを選択したりといろいろです。

　ここでは、「http://www.example.com/welcome.html」というURLを指定されたWebブラウザの動きを紹介します。URLを指定されたWebブラウザは、次のような動作を行います。

① www.example.comのIPアドレスを調べる
② www.example.comのIPアドレスで指定された相手に対してTCPの80番ポートで接続する
③ TCP接続が成功したら、HTTPのリクエストメッセージを送信する
④ HTTPメッセージを受け取る
⑤ 受け取ったHTTPメッセージに含まれる内容を解釈して、画面の描画を行う

　これらを順を追って説明していきます。

注4）　パス部分がホストのファイルシステムの体系に依存するような記述もできますが、ファイルシステムに依存する表現である必要はありません。スキームがhttpのURLに含まれるパスは、あくまでホストに要求する際の文字列に過ぎません。

　URLに含まれるホスト部分に示されるWebサーバと通信するには、Webサーバのipアドレスを知る必要があります。インターネットを利用した通信では、ipアドレスで通信相手を指定しているのです。ipアドレスをどのように調べられているのかは第5章で紹介するので、まずは「Webブラウザは、www.example.comという名前に対応するipアドレスを何らかの方法で調べている」と漠然と考えてください。

1.4　IPアドレス

　では、肝心の「IPアドレス」とは、そもそも何でしょうか？　多少語弊がある表現ではありますが、IPアドレスは、インターネットに接続された機器が持っている住所のようなものです[注5]。IPアドレスのIPというのは、Internet Protocolの略で、インターネットのプロトコルを指します。HTTPの最後のPもプロトコルですが、プロトコルという単語は、手順、手続き、協定といった意味を持つ英単語です。外交儀礼や化学実験などの手順でも、プロトコルという単語が使われます。

　IP（インターネットプロトコル）は、インターネットにおける通信手順などを規定したものです。インターネットで利用されるプロトコルの多くは、IETF（Internet Engineering Task Force）によって議論が行われ、RFCという文書としてまとめられています[注6]。

　IPアドレスに使われている、Addressという英単語は、住所、宛先、番地といった意味を持ちます。つまり、IPアドレスはインターネットプロトコルにおけるアドレスなのです（**図1.3**）。

注5）　先ほどURLを「Webの住所」と表現しましたが、IPアドレスは「インターネットでの住所」のようなものと表現しています。両方とも「住所」と表現していますが、WebとIPでは「層」が違います。「層」の話は第3章で後ほど紹介します。

注6）　RFC発行の判断はIESG（Internet Engineering Steering Group）が行います。IETFやRFCに関しては第6章で紹介します。

第 1 章　Webを見ているときに起きていること

図1.3 IPv4アドレスの例

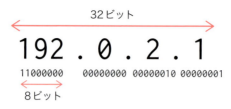

　現在のインターネットでは主にIPバージョン4（以後、IPv4）によって構成されていますが、IPv4のIPアドレスは、0か1かの2つの数値を表現できる「ビット」を32個並べたものです。

　一見あたりまえのようにも思えますが、プロトコルが決まっていることは非常に重要です。通信は、複数の機器同士がやりとりを行いますが、そのやりとりの方法に対する共通認識が確立していないと、通信が成り立たないのです。

　たとえば、IPアドレスを表現するための方法などが決まっておらず、みんなが好き勝手な方法でIPアドレスを表現してしまうと通信が成り立ちません。「ビットを32個利用して表現する」という決まりごとも、実は非常に重要なのです。

　IPアドレスの話を続ける前に、2進数、8進数、16進数を紹介します。0か1かの2種類の数の羅列で表現されるのが2進数です。32ビットで表現されるIPv4アドレスは、2進数で表現される32桁の数値でもあります。2進数という単語が出てきて、「????」となった方々も多いと思います。実は、筆者も大学1年生の授業で最初に「2進数」という単語を聞いたときには、何を言っているのかさっぱり理解できませんでした。一度理解してしまえば、わかりやすいのですが、私は2進数の理解が1つの大きなハードルのような気もしています。

　多くの人々が日々親しんでいる数値は10進数です。0から9の10種類数字を使い、9の次は10、99の次は100といった感じに桁が上がっていく、普段の生活で馴染みのある数値です。2進数の世界では、0の次は1、1の次は10（「いちゼロ」です「じゅう」ではありません）、10の次は11（いちいち）、11の次は100（いちゼロゼロ）といった感じで桁が上がっていきます。そして、2進数では、桁が1つ上がるたびに表現できる数値が2倍になっていきます。2進数の0か1

が1桁では2種類、2桁では2×2の4種類、3桁では2×2×2の8種類、4桁では2×2×2×2の16種類、5桁では2×2×2×2×2の32種類になります。2進数は非常に便利です。0か1かの2つの数値をさまざまな方法で表現できるからです。たとえば、立っているか寝ているか、電気が溜まっているか溜まってないか、くぼみがあるかどうか、高いか低いか、などの方法でも0と1の2種類を表現できます。この「あるかないか」で表現できるというのは、さまざまな方法で簡単に実現できるので非常に強力なのです。

次は、5本の指がある手を使って2進数を考えてみましょう。2進数を使うと、5本の指、片手で0から31の32種類の数値を表現できます。

右手の甲を自分に向けた状態で一番右側にある指（小指）を一番下の桁、一番右側を一番上の桁に割り当てた場合、**図1.4**のようにすることで片手で32種類の数値を表現できます。

図1.4 片手で32種類の数値を表現する

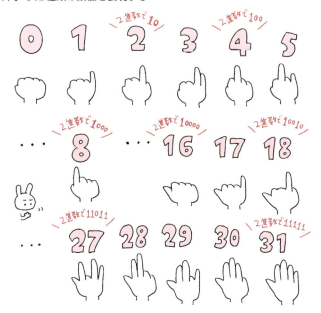

先ほどの例のように、2進数を使うと、片手で0から31まで数えられるわけで

19

すが、両手で10本の指を使うといくつまで数えられるでしょうか？　答えは、なんと、0から1023までの1024種類です！　2進数では、桁が増えるたびに表現できる数値の範囲が倍になっていき、2の10乗は1024になるのです。

2進数表現を10進数で表現するには、以下のように計算します。2進数では一番下の桁は2の0乗があるかないか、下から2番めの桁は2の1乗があるかないか、下から3番めは2の2乗があるかないか、といった具合で桁が上がっていきます。そのため、たとえば27という10進数の数値を0と1の2進数で表現すると**図1.5**のようになります。

図1.5 5桁の2進数の例

10進数では27
2進数では11011

このように、n桁目の数値が2のn-1乗の個数を示しているとして計算できます。10進数の各桁も同様の考え方ができます。10進数のn桁目の数値が10のn-1乗の個数を示しているのです。

たとえば、65535という10進数の数字を考えると、**図1.6**のようになります。

図1.6 10進数の例

10の4乗　10の3乗　10の2乗　10の1乗　10の0乗
$6 \times 10000 + 5 \times 1000 + 5 \times 100 + 3 \times 10 + 5 \times 1 = 65535$

コンピュータの世界では、2進数以外に8進数や16進数がよく使われます。8進数は0から7までの8種類で表現され、n桁目の数値が8のn-1乗の個数になります。16進数は0から9とaからfまでの16種類で表現され、n桁目の数値が16のn-1乗を表現しています。2進数、8進数、16進数がコンピュータの世界でよく使われるのには理由があります。2進数の各桁は1ビット、8進数は3ビット、16進数は4ビットを、それぞれ表現しているのです。

現在のコンピュータは、8ビットを1オクテット[注7]という単位でまとめて扱うものが多く、人間がわかりやすいように1オクテットを2桁の16進数で表現することも多いです。

たとえば、8ビットすべてが1である場合、2進数表現では11111111、10進数表現では255、16進数表現では0xff[注8]となります。

話をIPv4アドレスに戻しましょう。32ビットのIPv4アドレスは、32桁の2進数なので、理論上のIPv4アドレス空間は、2の32乗個です。2の32乗は、42億9496万7296個の数を表現できます。約43億の10進数をそのままの形で表にすると人間がわかりにくいので、32ビットのIPv4アドレスは、ドット付き十進表記（dotted decimal notation）と呼ばれる0〜255の数字4組をドット（.）でつないだ記法で表現されます。たとえば、192.0.2.254のような感じです。

「.」の間にある数字は、人間が扱いやすいように、32ビットのうちの8ビットずつを4つに分けて10進数で表現したものです。それぞれが8ビットなので、それぞれの数値の範囲は0から255の256種類、すなわち2の8乗種類になります（**図1.7**）。

図1.7 ドット付き十進表記の例

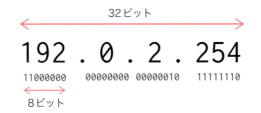

8ビットなので、10進数で0〜255の数値が現れる可能性がある

注7) 現在では、8ビットを1バイトと表現することも多いです。ただし、厳密には1バイトが8ビットであると定義されているわけではなく、昔は1バイトが8ビットではない機器も存在していたため、「8種類の」という意味を持つオクテットという表現が使われます。

注8) 16進数を表現するとき、それが16進数であることを明示するために、先頭に0xという文字を表記することが多いです。

第**1**章　Webを見ているときに起きていること

　IPv4でのIPアドレスは32ビット長ですが、インターネット利用者数が非常に多くなったため、世界のIPv4アドレスの在庫が枯渇してしまいました[注9]。2011年に発生した「IPv4アドレス中央在庫の枯渇」です。そのため、新たにIPv4アドレスを新規に割り当てするのが困難になってしまいました。つまり、インターネットの規模が今以上に拡大しにくくなってしまったのです。

　IPv4アドレス枯渇が発生することは、以前から予想されていたため、1990年代にIPアドレス空間が非常に大きいIPバージョン6（以後、IPv6）が作られています。IPv6のIPアドレスは128ビットで表現されているので、IPv4のIPアドレスよりもかなり大きな空間です。これは、IPv4の4倍ではなく、IPv4の2の96乗倍です[注10]。IPv6のユーザ数は、IPv4と比べると、まだまだ少ないのですが徐々に増えつつあります。IPv6に関しては、第9章で解説します。

1.5　TCPの80番ポートに接続する

　先ほどのWebブラウザの動作手順を振り返ってみましょう。次は、②の部分を説明します。

　① www.example.com のIPアドレスを調べる

　② www.example.comのIPアドレスで指定された相手に対してTCPの
　　80番ポートに接続する

　③ TCP接続が成功したら、HTTPのリクエストメッセージを送信する

　④ HTTPメッセージを受け取る

注9)　インターネットのユーザ数が増えると、インターネットに接続する端末の数も増えます。インターネットに接続する端末にはIPアドレスが割り当てられるため、端末数の増加に応じて利用されるIPアドレスも増えます。

注10)　実際はIPv6アドレスの利用休系が決まっているため、128ビットのIPv6アドレス空間が表現可能なすべての個数分分を通信に使えるわけではありません。IPv4アドレスに関しても同様で、32ビットで表現可能なすべての個数分のIPアドレスを通信に使えるわけではありません。

⑤ 受け取ったHTTPメッセージに含まれる内容を解釈して、画面の描画を行う

「www.example.com」のIPアドレスを調べたWebブラウザは、そのIPアドレスに対してTCPでの接続を行います。TCPは、Transmission Control Protocolという通信を制御するためのプロトコルですが、詳細は第4章で紹介するので、ひとまずは「TCPで通信を行うには接続するという作業が必要」と考えてください。TCPは、接続が成功してからデータのやりとりを行うプロトコルなのです。

TCPは、「バーチャルサーキット」と呼ばれる論理的な通信回路を実現します（図1.8）。バーチャルサーキットは、「ドラえもんのどこでもドア」をインターネット上に実現するようなもので、そこにデータを入れれば反対側へとデータが転送される仮想的な論理回線なのです。

図1.8 バーチャルサーキットのイメージ図

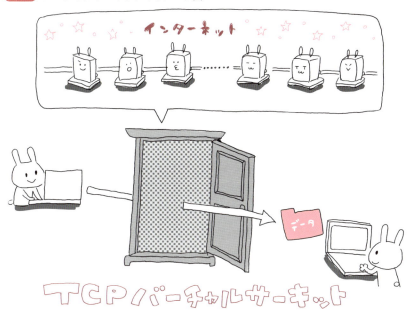

第1章 Webを見ているときに起きていること

　TCPには「ポート番号」という概念がありますが、WebコンテンツをやりとりするためのHTTPの標準的なポート番号は、80番と決まっています[注11]。

　Webブラウザが、Webサーバからコンテンツを取得するには、IPアドレスと同時に「TCPの80番」という要素が非常に大事なのです。

　そういった話を聞くと、「WebサーバのIPアドレスだけで、何がいけないの？」という疑問も持たれるかもしれません。本書では、IPアドレスとポート番号が意味するところの違いを理解するために、「マンションと部屋番号」にたとえて紹介します（図1.9）。IPアドレスがマンション、ポート番号が部屋番号です。

　ポート番号が存在することによって、1つのマンションに複数家庭が入居できるのと同じように、1つのIPアドレスで複数のサービスを稼働できるのです。

図1.9　IPアドレスがマンションで、ポート番号が部屋番号

注11）どのように「決まっている」のかは、第6章で紹介します。

1.6 HTTPのリクエストメッセージを送信する

　ある特定のIPアドレスを持つサーバで、複数のサービスを運用するというのはどういうことでしょうか？

　たとえば、あるWebサーバに対して1つのIPアドレスが設定されていたとします。そのWebサーバは、Webサーバとしてのサービスと、メールサーバとしてのサービスが同時に稼働しているとします。

　ポート番号という機能が存在しない場合、IPアドレスだけではWebサーバと通信をしたいのか、それともメールサーバと通信をしたいのかがわかりません。あたかも郵便局員がマンションに到着したけど、部屋番号がわからずにどこに小包を届けて良いのかわからなくなるようなイメージです。

　インターネットでは、メールサーバの標準のTCPポート番号は25番と決まっています。メールサーバとWebサーバを、それぞれ標準的なTCPポート番号で稼働させている場合、メールサーバと通信をしたいのであればTCPの25番、Webサーバと通信をしたいのであれば80番、といったポート番号でTCP接続を行えば良いのです[注12]。

　さらに言うと、Webサーバを運用するために80番のポート番号以外を使ってはならないという決まりはないので、意図的に80番ではない番号で運用をすることもできます。これにより、1つのIPアドレスで、別々のTCPポート番号を利用した複数のWebサーバを稼働させることもできます。たとえば、1台のコンピュータを使って、80番でWebサーバを稼働させつつ、10080番で別のWebサーバを稼働させることもできます。

1.6 HTTPのリクエストメッセージを送信する

　TCPでの接続が成功するとWebブラウザは、Webサーバに対して「Webコンテンツをください」というリクエストメッセージを出します。先ほどの手順

[注12] よく知られたポート番号などが、どのように管理されているのかに関しては第6章で紹介します。

第1章 Webを見ているときに起きていること

の3番です。

① www.example.comのIPアドレスを調べる
② www.example.comのIPアドレスで指定された相手に対してTCPの80番ポートに接続する
③ **TCP接続が成功したら、HTTPのリクエストメッセージを送信する**
④ HTTPメッセージを受け取る
⑤ 受け取ったHTTPメッセージに含まれる内容を解釈して、画面の描画を行う

　WebブラウザとWebサーバの間でのやり取りに使われるHTTPは、人間が読めるしくみになっています。「http://www.example.com/welcome.html」をリクエストするHTTPのリクエストメッセージの内容を**図1.10**に示します。

図1.10 HTTPリクエストメッセージの例

　本書執筆時点で主流となっているHTTPのバージョンは1.1[注13]です。HTTP 1.1では、最初に何をどのように要求するのかのリクエストラインがあります。
　リクエストラインは、「**メソッド URI バージョン（改行コード）**」というフォーマットです。
　リクエストラインの次にHTTPヘッダが続きます。HTTPヘッダは「**名前：値（改行コード）**」というフォーマットです。

注13）HTTP/2の詳細に関しては本書では割愛します。第4章のコラムで少しだけ紹介しています。

1.6 HTTPのリクエストメッセージを送信する

　HTTPリクエストは、HTTPヘッダを複数行書くことができ、HTTPヘッダがすべて終わったことは空の改行コードで示されます。つまり改行コードが2つ連続で続くことで、HTTPヘッダがそれ以上に存在しないことがわかります。リクエストメッセージの種類によっては、その次にHTTPボディが入ります。この例では、GETがメソッド、「/welcome.html」がリクエストURI、HTTP/1.1がHTTPバージョンです。

　まず、リクエストラインから見ていきましょう。HTTP 1.1のリクエストラインは、メソッド、リクエストURI、HTTPバージョン、の3つのパートに分かれています。メソッドには以下のようなものがあります。

GET：URLで示されるリソースをWebサーバから取り出すためのメソッド

POST：クライアントからWebサーバに対してデータを送信するときに使用される。たとえば、電子掲示板に対する投稿やデータのアップロードなどに使われる

HEAD：コンテンツ本体を取得せずにHTTPヘッダまでを取得できるメソッド。データすべてを取得せずにURLが示すリソースが存在するかどうかを検証できる

PUT：Webサーバ側で新たにリソースを作成するときなどに使用される。POSTでも同様の処理ができるが、PUTは指定したURLそのもので示されるリソースに対しての処理で使われることが多い

DELETE：URLで示されるリソースを削除するときに使用される

OPTIONS：Webサーバの情報を得るときに使用される

TRACE：クライアント側（Webブラウザなど）が出すHTTPリクエストをそのままWebサーバが返す

CONNECT：プロキシサーバを経由してWebサーバに接続するときに使用する

　通常のWebページを閲覧する場合、大半はGETメソッドが使われます。この例でも、GETメソッドを使っています。

　リクエストラインの次に続くのがHTTPヘッダです。HTTP 1.1では、その

第**1**章　Webを見ているときに起きていること

リクエストがどのホストに対するリクエストであるかを示すHostヘッダが必須なので、この例でもHostヘッダを付属してあります。1つのWebサーバで複数のホストを稼働させるバーチャルホストを運用している場合などに、Hostヘッダに書かれた内容が利用されます。

1.7 HTTPメッセージを受け取り、表示する

　Webブラウザからの HTTP リクエストを受け取った Web サーバは、要求されたコンテンツを返します。Webブラウザは、Webサーバからのコンテンツを HTTP リクエストが送信された TCP 接続で受け取ります。先ほどの手順の④番です。

① www.example.com の IP アドレスを調べる
② www.example.com の IP アドレスで指定された相手に対して TCP の80番ポートに接続する
③ TCP接続が成功したら、HTTP のリクエストメッセージを送信する

④ HTTPメッセージを受け取る

⑤ 受け取った HTTP メッセージに含まれる内容を解釈して、画面の描画を行う

　HTTPリクエストに応じて返信されるメッセージはレスポンスメッセージと呼ばれています。HTTP 1.1では、レスポンスメッセージは、ステータスライン、ヘッダ、ボディの3つによって構成されます（**図1.11**）。

1.7 HTTPメッセージを受け取り、表示する

図1.11 HTTPレスポンスの例

```
ステータスライン  HTTP/1.1 200 OK
                Date:Fri,1Apr 2016 11:22:33 JST
                Server:Apache 2.4.99
         ヘッダ  Content-Length:174
                Content-Type:text/html
                Connection:Closed
         改 行
                <!DOCTYPE html>
                <html>
                <head>
                  <title>タイトル</title>
                </head>
         ボディ  <body>
                  <p>Webコンテンツの例</p>
                  <img src="gazou.jpg" alt="画像のサンプル">
                </body>
                </html>
```

　ステータスラインは、HTTPバージョン、ステータスコード、解説文の3つのパートに分かれています。ステータスコードは、通信結果を番号で示したものです。さまざまな番号がありますが、よく目にするものとしては通信成功を意味する200番、アクセス権がないコンテンツをリクエストされた場合などの意味を持つ403番、リクエストされたURIが発見できないという意味を持つ404番、過負荷で表示できなかったりプログラムのエラーなどサーバ側の都合でリクエストの処理に失敗したことを示す503番などがあります（**表1.1**）。

第**1**章 Webを見ているときに起きていること

▼**表1.1 ステータスコード対応表**

ステータスコード	概要	内容
100番台	情報	リクエストは受け取られた。処理は継続される
200番台	成功	リクエストは正しく受け取られ、処理された
300番台	リダイレクト	処理を完了するためには、追加的処理が必要
400番台	クライアントエラー	リクエストの内容に問題がある、もしくは、そのリクエストに応じられない
500番台	サーバエラー	リクエスト処理中にサーバ側でエラーが発生した

　ステータスラインの最後の部分は、ステータスコードに対する説明です。人間が読めるような内容になっています。たとえば、404番のときには発見できないという意味である「Not Found」と書かれる場合もあります。

　レスポンスメッセージに含まれるHTTPヘッダは、サーバ側が付属情報としてHTTPメッセージ内に追加する情報が含まれています。たとえば、サーバのバージョン情報、コンテンツの種類を示す情報など、さまざまなものがあります。

　ステータスライン、HTTPヘッダに続いて本体となるボディがWebサーバからWebブラウザに対して送信されます。HTTPは、さまざまな種類のコンテンツを運ぶことができますが、Webブラウザに表示させるHTML（HyperText Markup Language）というマークアップ言語で表現されたコンテンツであれば、Webブラウザは、そこに記述された方式で画面描画を行います。

　たとえば、**リスト1.1**のようなHTMLファイルがあったとします。

リスト1.1 HTMLファイルのサンプル

```
<!DOCTYPE html>
<html>
<head>
 <title>タイトル</title>
</head>
<body>
 <p>Webコンテンツの例</p>
```

```
<img src="gazou.jpg" alt="画像のサンプル">
</body>
</html>
```

Webブラウザは、このように記述されたHTMLを解釈したうえで画面に表示します。

解釈したうえで、それに従った内容の画面描画を行うことを「レンダリング」と言います。先ほどの手順の⑤番です。

HTMLでは、「外部の画像を読み込む」という表現ができます。このサンプルでは、imgタグを使ってgazou.jpgという画像ファイルをWebページ内に埋め込んでいます。

HTML 1.1では、imgタグを使った埋め込みが行われている場合、Webサーバに対して新たなHTTPリクエストを送信して画像データを取得します。

このようにWebブラウザは、必要に応じて何度もWebサーバと通信を繰り返すこともあるのです。

1.8 www.example.comからコンテンツを取得してみる

ここまでユーザの手もとにあるWebブラウザの動作概要を紹介してきましたが、少しだけWebブラウザの気持ちに近づいてみましょう。

HTTPリクエストは人間がわかりやすい形式になっているので、telnetというコマンドを使って簡単に試してみることができます[注14]。

まず、最初にコマンドプロンプト[注15]で次のコマンドを実行することで、「www.example.com」のTCP 80番ポートに対してTCP接続をします。

注14) Windows Vista以降でtelnetを行うには、コントロールパネルからtelnetクライアントを有効化する必要があります。
注15) Windowsではcmd、mac OSではターミナル、Linuxではtermなどがあります。

第**1**章　Webを見ているときに起きていること

```
telnet www.example.com 80
```

telnetでwww.example.comに接続できたら、以下のように打ち込んでください[16]。

打ち込んだ内容がそのままWebサーバに送信されます。

```
GET / HTTP/1.1
Host: www.example.com
```

これにより、www.example.comという実在するホストから、HTMLメッセージを受けとれます！

コラム column 「なぜwww.example.comが実在しているのか？」

exampleという英単語は「例」という意味を持っています。インターネットでは、IPアドレスだけではなく「名前」で通信相手の識別を行うことが非常に多いのですが、インターネット技術などを説明するようなドキュメンテーションにおいて、例として登場させても良い「名前」としてexample.comがあらかじめ予約されています[17]。

「example.com」は、本来は例示用の「名前」であるため、通常のドメイン名のように「example.com」に対する登録申請は行えません。しかし、「http://www.example.com/」というURLでWebサーバは稼働しています。これはなぜかというと、IANA（第6章参照）が「www.example.com」という名前のWebサーバを稼働させているからです。

一見、通常のWebサイトと同じようにも思えますが、実は「www.example.com」は非常に特殊な運用形態なのです。

注16) Windowsでtelnetを使う場合には注意が必要です。Windowsのtelnetの初期設定ではローカルエコーがoffになっているので、自分が打ち込んでいる内容が見えません。ローカルエコーをonにするには、[Ctrl]-[]]（コントロールキーとカギカッコ同時押し）でtelnetの設定を行えるプロンプトを表示させ、そこで「set localecho」と入力してから[Enter]キーを2度押してください。

注17) 「名前」などの資源がインターネットでどのように管理されているのかに関しては、第6章を参照。example.comに関してはRFC 6761を参照（http://tools.ietf.org/html/rfc6761）してください。

1.9 Webサーバからデータを取得する プログラムはこう書ける

　今度は、もう一歩踏み込んで、Webサーバからデータを取得する簡単なプログラムを見てみましょう。

　コンピュータに対して「このように動作してほしい」という記述を行うのがプログラミングです。プログラミングは、プログラミング言語と呼ばれる人工言語を使って行いますが、世の中にはさまざまなプログラミング言語があります。「Webサーバからデータを取得する」という1つの目的に対して、それを実現するコンピュータプログラムを作成する方法は複数存在しているのです。

　インターネット誕生当初と比べると、インターネットだけではなく、コンピュータプログラムを作成する環境も大きく発展しました。プログラミング環境の整備に伴い、Webサーバからデータを取得するような一般的な内容であれば、非常に簡単に記述できるようになっているのです。

　では、「www.example.com」というWebサーバから、「/」というパスで表現されるデータを取得する簡単なプログラムをいくつか見てみましょう。

　RubyでNet::HTTPを使うと**リスト1.2**のように簡単に書けます。

リスト1.2 RubyのHTTPプログラムのサンプル

```
#!/usr/bin/ruby

require 'net/http'

result = Net::HTTP.get('www.example.com', '/')

p result
```

　PerlでHTTP::Liteを使うと**リスト1.3**のように書けます。

第**1**章　Webを見ているときに起きていること

リスト1.3　PerlのHTTPプログラムのサンプル

```perl
#!/usr/bin/perl

use HTTP::Lite;

$http = new HTTP::Lite;

$req = $http->request("http://www.example.com/") || die $!;

print $http->body();
```

　allow_url_fopenが有効になっているPHPでは、fopenを使ってHTTPや
FTPでの通信を行えます（**リスト1.4**）。

リスト1.4　PHPのHTTPプログラムのサンプル

```php
<?php

$contents = file_get_contents("http://www.example.com/");

echo $contents;

?>
```

　Javaだと**リスト1.5**のように書けます。

34

1.9 Webサーバからデータを取得するプログラムはこう書ける

リスト1.5 JavaのHTTPプログラムサンプル

```java
import java.io.*;
import java.net.*;

public class SampleCode {
  public static void main(String args[]) {
    try {
      URL url = new URL("http://www.example.com/");

      Object content = url.getContent();

      if (content instanceof InputStream) {
        BufferedReader reader =
          new BufferedReader(new InputStreamReader((InputStream)content));

        String str;
        while((str = reader.readLine()) != null) {
          System.out.println(str);
        }
      }

    } catch (Exception e) {
      System.err.println(e);
    }
  }
}
```

　このように、さまざまなプログラミング言語を利用して、Webサーバからデータを取得して表示するプログラムが簡単に書けます。どれもソケットと

第1章　Webを見ているときに起きていること

ポートをまったく意識する必要がありません。本書の大きなテーマとして「ソケット」を挙げていますが、実はソケットやポートを直接指定せずに通信を行える環境が最近は整っているので、ソケットやポートをまったく意識せずにWebサーバからデータを取得するプログラムが書けてしまいます。

　各種プログラミング言語の便利ライブラリに共通しているのが、①URLを指定する、②データを取得するという手法です。

　これらのプログラムは、プログラミング言語や利用するライブラリなどのAPIによって異なりますが、「インターネットを使う」という部分は同じであるため、同じような仕組みになっています。このように、裏で動いている仕組みが同じであれば、プログラミング言語が異なったとしても実現手法が似てくるわけです。

1.10　「HTTPだから簡単にできる」という側面も

　先ほどのサンプルのどれもが、ソケットとポートを意識せずに済むのは、それらがHTTPを扱うためのものだからです。Webサーバからデータを取得するためのHTTPを使うということは、TCPを利用することが自明となります。

　TCPのポート番号も標準では80番を使うことが決まってますし、URLの中にポート番号を記述することもできます。たとえば、TCPのポート番号33333番で「www.example.com」というWebサーバとの通信を行いたいのであれば、「http://www.example.com:33333/」というURLを指定します。

　このほか、HTTPでの通信を行うためのさまざまな手順がプロトコルとして定義されているので、それに従った動作を行うプログラミング環境が用意されています。「Webサーバからデータを取得する」という目的を達成するための線路がプログラミング環境としてすでに用意されており、プログラミングを行う人は、すでに引かれた線路の上を走るだけといった感じです。

　Web技術で利用されているHTTPは、いまやインターネットにおける通信

36

1.10 「HTTPだから簡単にできる」という側面も

の大半を占めるほど利用されているものなので、それを利用するためのプログラミング環境も整備されていますが、HTTPではない通信が同様に簡単に書けるとは限りません。線路が用意された環境は非常に便利ではありますが、ときとして線路が引かれていない新たな大地を開拓したくなることもあるのです。

HTTP以外の通信プロトコルを利用した通信プログラムを書くときや、細かい処理が必要な場合などには、ソケットを利用したプログラムを書くことが求められることもあります。

ここでやっと、本書の大きなテーマである「ソケット」が登場するわけです。

線路が引かれていない新たな大地を開拓するために必要に迫られて「ソケット」に関して勉強する場合もあるとは思いますが、純粋に「知る」という方向での考え方もあります。

20世紀を代表する著名なSF作家であるアーサー・C・クラーク氏による、「十分に発達したテクノロジは魔法と見分けがつかない」という非常に有名な言葉がありますが、十分に発達してしまった現在の状況だけを見てしまうと、「インターネットってどうやって通信を行っているのだろう？」という部分が魔法のように見えてしまいがちです。

しかし、インターネットは魔法ではありません。インターネットが魔法ではないことを知るための入り口としての切り口として、本書では「ポート」と「ソケット」を大きなテーマに選びました。

今ではソケットを直接使うことが少なくなったとしても、便利なツールやライブラリの裏側ではソケットが使われ続けています。便利なツールやライブラリが裏で何をしているのかをあえて知ることで、インターネットをより身近なものと感じられるかもしれません。

次章では、ソケットを紹介します。

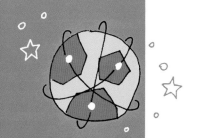

第 **2** 章

chapter2

インターネットと UNIXとソケット

第**2**章　インターネットとUNIXとソケット

2.1　ソケットとは何か？——その仕組みを探る

　前章では、ユーザの手もとにある機器でWebブラウザを利用したときに起きていることの流れを紹介しました。本章では、もう少し詳しくユーザの手もとの機器内部で起きていることを見ていきましょう。これまでにWebブラウザが何を通信しているのかに関して解説してきました。その動きに焦点を当てて紹介してきましたが、手もとの機器がどうやって通信を行っているのか、その部分は説明していませんでした。そこで、本章では機器の中で動作する通信プログラムを書く人のために用意されている「ソケット（socket）」について紹介していきます。多くの人々が利用しているスマホやパソコンの内部でも、ソケットが稼働しています。

2.2　パソコンの中の執事、「カーネル」

　ソケットとは何かを紹介する前に、皆さんの手もとにあるコンピュータの中で動いている通信機能について説明しなければなりません。そのために、通信機能の肝となる「カーネル」から解説を始めましょう。

　皆さんが使っているパソコンやスマホなどでは、オペレーティングシステム（以後、OS）と呼ばれるソフトウェアが稼働しています。OSという単語は、ハードウェアを制御しつつコンピュータそのものを動作させるための基本ソフトウェアである「カーネル」を示す場合と、管理用ソフトウェアなどの各種ソフトウェアを含めたパッケージ全体を示すことがあります。

　カーネルは、ユーザのためにハードウェアを制御してくれる執事のようなものです。CPU、メモリ、通信用のネットワークインターフェース、ディスプレイ、キーボード、マウス、スピーカーなど、さまざまなハードウェアの制御などを行っています。

40

2.2 パソコンの中の執事、「カーネル」

　たとえば、ユーザがパソコンを使うとき、情報をファイルに保存したりしますが、物理的なハードディスクそのものが「ファイル」という概念を直接扱っているわけではありません。カーネルがユーザにとってわかりやすいように、「ファイル」という概念を構成してくれているのです。このように、ユーザが使いやすいようにハードウェアの機能などを「抽象化」するのも、カーネルの重要な役割です（**図2.1**）。

図2.1 執事のようなカーネル

　「カーネル」というと、ケンタッキーフライドチキンの「カーネル・サンダース」を連想される方もいらっしゃるかもしれませんが、そちらは「Colonel Sanders」であり、コンピュータ用語で利用される「Kernel」とはまったく異なる単語です。

　なお、カーネル・サンダースの「Colonel」は大佐という意味ですが、ハーランド・デーヴィッド・サンダース氏は軍隊で大佐だったわけではなく、ケンタッキー州に貢献した人物に与えられる名誉大佐の称号です。

　コンピュータ用語の「Kernel」は、その英単語がもともともっていた意味が語源

第 **2** 章　インターネットとUNIXとソケット

であると言われています。「Kernel」という英単語は、クルミなどの堅果の中心部や、ものごとなどの中心部分や核心部分など最も大事な部分という意味を持つものです。カーネルは、コンピュータを制御するためのまさに中心部分なのです。

2.3　さまざまな作業を並行して実行！

　最近の一般的なOSのカーネルは、1つのパソコン上でさまざまな作業を並行して行えるようにするという機能もあります。

　パソコンの脳みそであるCPUは、同時に1つのことしかできません[注1]が、カーネルが単一の脳みそで複数のアプリケーションを並行して行ってくれるので、ユーザはパソコン上で複数の作業を並行して行えます。並行して複数の作業を行えることは「マルチタスク」と呼ばれています。アプリケーションは、「プロセス」という単位で実行されます。

　一般的に、マルチタスクは、実行されるべき複数のプロセスが存在するときに、各プロセスに対して短いCPUの実行時間を与えつつ、それらを高速に切り替えながら実行します。高速に切り替わりながら複数のプロセスが実行されるので、ユーザから見ると、あたかも複数のプロセスが並行して実行されているかのように見えます。

　マルチタスクの機能が存在していなければ、普段に皆さんが何気なく実行しているWebページを見ながらメールを読むことはできません。パソコンで音楽を聞きながら文章を書くこともできません。

　このように、複数のプロセスが並行して実行されるような環境をカーネルが提供しますが、複数のプロセスは1つのハードウェア資源を共有しています。そのため、並行して動作している各プロセスが同じハードウェア資源を同時に

注1)　マルチプロセッサ、マルチコア、SIMD (Single Instruction Multiple Data) の話は本稿では割愛させてください。

利用することで不具合が発生しないように、各プロセスが互いに干渉しないようにできています。

たとえば、各プロセスがコンピュータに内蔵されているメモリを利用するとき、物理的なメモリのどの部分をどうやって書き換えるのかをプロセスが直接指定することはできません。各プロセスに対して、カーネルが提供するのは仮想メモリ空間へのアクセスであって、物理メモリへの直接のアクセスではないためです（**図2.2**）。

図2.2 プロセスはほかのプロセスに干渉できない

各プロセスは、仮想メモリ空間に対してだけアクセスが可能となっており、たとえば、別のプロセスが使っているメモリを無理矢理書き換えたりするようなことを防ぐ仕組みになっています。プロセスは、カーネルによって管理された閉鎖空間であり、アプリケーションはその閉鎖空間で動作しているのです。

2.4 プロセス間通信

アプリケーションが動作するプロセスは、自力でほかのプロセスとのやりとりなどを行うことはできません。また、直接ハードウェアを制御できず、カー

第2章 インターネットとUNIXとソケット

ネルに対してハードウェア制御の依頼を出すことしかできません。

　ユーザが書いたアプリケーションが、プロセスの外部と何らかのやりとりをするには、カーネルの助けが必要です。カーネルに通信を仲介してもらうわけです。

　OSによっては、アプリケーションがカーネルに対する依頼を行う仕組みを「システムコール」と呼んでいます。通信を行うためのソケットも、システムコールの1つです。

　OS内で稼働するプロセスは互いに分離されているため、直接やりとりすることはできません。同じコンピュータ内に存在しているプロセス同士が何らかのやりとりをするには、**図2.3**のように、カーネルにデータの送受信を仲介してもらう必要があります[注2]。

図2.3 同一機器内でのプロセス間通信

　ここまで、同じコンピュータ内に存在するプロセス同士の通信を紹介してきましたが、次は、2台のコンピュータで稼働しているプロセス同士がインター

注2) プロセス間通信の仕組みはソケットだけではなく、ほかにもさまざまなプロセス間通信の方法がありますが、本稿ではソケットだけに着目して説明しています。

ネットを介して通信を行う場合を考えてみましょう。

同じコンピュータ内に存在するプロセス同士の通信と同様に、プロセスはカーネルに仲介されてインターネットの向こう側にいるプロセスと通信を行います。インターネットを介してコンピュータ同士が通信を行うときに利用される一般的な手法としては、インターネットを利用するためのソケットを用意したうえで、さらにインターネットに接続された相手を指定して通信を行うというものです（**図2.4**）。

図2.4 ネットワークを介した通信

図2.4のように、アプリケーションはソケットを通じてカーネルとやりとりし、カーネルはインターネットに接続されたハードウェアを通じて通信を行うという感じです。インターネットは、各コンピュータから送出されたデータを運ぶ役割を担っています。

このように、ソケットは、閉鎖空間であるプロセスにとって「インターネットの出入り口」であり、アプリケーションをインターネットとつなぐための「コンセント」なのです。

なお、「プロセスにとってインターネットの出入り口となるソケットは必ず

1つ」というわけではないので、注意が必要です。

単一のプロセス内に複数のソケットを作成することもできます。たとえば、画像ファイルが複数含まれるWebページを開いたときの一般的なブラウザは、複数のソケットを使って同時に複数の画像ファイルをダウンロードしています。

2.5 UNIXにおける抽象化

UNIXの世界では、ソケットも「ファイル」の一種です。**すべての入出力を「ファイル」として抽象化**しているのが、UNIXの大きな特徴です。各種ハードウェアとの入出力も、ネットワークを経由させるデータの入出力も、コンピュータ内に保存してあるテキストファイルの読み書きも、ファイルディスクリプタ（file descriptor/ファイル記述子）を用いて行います（**図2.5**）。

図2.5 ファイルディスクリプタ

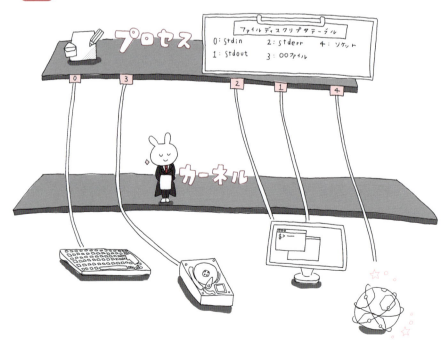

UNIXには、データを読み込むread()、データを書き込むwrite()というシステムコールがあります。

read()とwrite()の第1引数は「ファイルディスクリプタ」です。read()はファイルディスクリプタで示されている対象からデータを読むシステムコールで、write()はファイルディスクリプタで示されている対象に対してデータを書き込むシステムコールなのです。読み書きする対象を示すものを抽象化したものこそがファイルディスクリプタであるということが、カーネルとのやりとりを行うための窓口であるシステムコールを見てもわかります。

read()やwrite()で使うファイルディスクリプタは、どのように得るのでしょうか？　コンピュータ内に保存されたテキストファイルを読む場合、open()というシステムコールでテキストファイルを「開く」ことでファイルディスクリプタを得ます。そのファイルディスクリプタを用いてread()システムコールを実行すると、テキストファイルに含まれるデータを得られます。

UNIXでは、ファイルという抽象化によってさまざまなものがファイルとして扱われ、そのファイルを示すものとしてファイルディスクリプタがありますが、コンピュータプログラム上でファイルディスクリプタは、どのように表現されているのでしょうか？

実は、ファイルディスクリプタは整数の値として表現されています。ファイルディスクリプタは、0とか1とか2とか3とかなのです。

多少話が細かくなってしまいますが、UNIXには、プロセスが作られた段階で自動的に用意されているファイルディスクリプタもあります。

UNIXなどのOS実装での共通APIを定義しているPOSIX（Portable Operating System Interface）では、ターミナルに出力するためのファイルディスクリプタとして、標準入力であるstdinが0、標準出力であるstdoutが1、標準エラー出力であるstderrを2と定義しています。

stdin、stdout、stderrの3つは、プロセスが生成された段階で自動的に作られるため、一般的にユーザがopen()などを行いません。たとえば、**リスト2.1**のように、1というファイルディスクリプタに対していきなりwrite()をする

第**2**章　インターネットとUNIXとソケット

ことが可能なのです。このように、write()システムコールの第一引数に整数値をそのまま入れてもプログラムが動作することからも、ファイルディスクリプタが整数の値であることがわかります。

リスト2.1　stdoutへの出力サンプルプログラム（C言語）

```
#include <unistd.h>


int
main(void)
{
  write(1, "HELLO¥n", 6);
}
```

図2.6　stdoutへの出力例（リスト2.1を実行）

```
> ./a.out
HELLO
>
```

UNIXでは、ソケットもファイルディスクリプタを用いて入出力を行います。

ソケットもファイルディスクリプタで表現される入出力なので、read()とwrite()を使えます。ただし、データの入出力を実際に行うまでの準備が、コンピュータ内にあるテキストファイルと違うのです。

たとえば、コンピュータ内にあるテキストファイルのファイルディスクリプ

2.6 通信の「入り口」となるソケット、何と通信するかを指定する「ポート」

タを得るためのシステムコールはopen()でしたが、ソケットを生成するためのシステムコールはsocket()です。「ファイル」という抽象化によって共通化された部分と、入出力の対象ごとの個別の操作が必要になる部分があるのです。

2.6 通信の「入り口」となるソケット、何と通信するかを指定する「ポート」

では、ソケットを使ってTCPで通信を行う例を見てみましょう。ソケットを使ってインターネットでの通信を行うプログラムは、図2.7のように、「1.ソケットを用意」し、「2.通信したい相手のIPアドレスとポート番号を指定」し、「3.相手と接続（つないで）」し、「4.情報をやりとりする」という手順になります。

図2.7 ソケットとポートで通信する手順

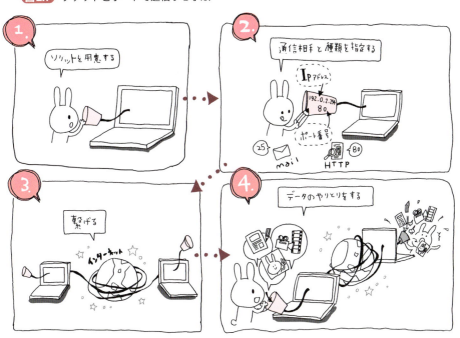

第**2**章　インターネットとUNIXとソケット

◻ ソケットを用意する

1.は、ソケットを用意するというものです。ユーザから見ると、パソコンを通じて通信を行うための「口」が、ニュウっと伸びて来ているようなイメージを考えるとよいでしょう。ソケットを用意するときに、そのソケットをどのように使いたいのかも指定します。たとえば、インターネットを利用してWebサーバと通信したいのであれば、TCPでの通信を行うためのソケットを用意します。

◻ 通信相手と種類を指定する

2.では多少語弊はありますが、IPアドレスは「通信相手」を指定するために利用されるもので、ポート番号は「通信の種類」を指定するために利用されます。ポート番号というのは、通信の種類を番号で表したものとして使われることもあるのです。たとえば、HTTPの一般的なTCPポート番号は80番ですし、メール配信の一般的なTCPポート番号は25番です。**2.**で重要なのが、通信する相手のIPアドレスを指定するというものです。たとえば、「www.example.com」はIPアドレスではありません。「www.example.com」は、「名前」であり、それをIPアドレスに変換したものが通信に利用されます（「名前」に関しては、第5章でDNSの解説として後述します）。

◻ 実際に通信相手と接続する

3.は、**2.**で設定した相手と実際に「繋がる」というものです。この作業が必要なタイプの通信と、そうでないものがあります。TCPでの通信では、「つながる」という作業が必要になります。

◻ データのやりとりをする

4.は、つながったあとにデータをやりとりするというものです。一度つながってしまえば、あとはそのソケットを利用してデータを出し入れするだけです。ユーザから見ると、手もとにあるファイルからデータを引き出すのも、

次はインターネットそのものの話です

ネットワークの向こう側にあるサーバからデータを引き出すのも同じような感覚で利用できます。

ソケットを利用してTCPで通信を行うと、こんな感じになります。ここまでの説明で、「クライアント」だの「TCP」だのという単語を説明なしに使ってしまいましたが、それらをこのあと徐々に紹介していきます。

2.7 次はインターネットそのものの話です

第2章では、本書のタイトルにもある「ソケット」という視点を中心に紹介してきました。次は、ユーザから見るとソケットの裏側で動いているインターネットの仕組みを紹介していきます。

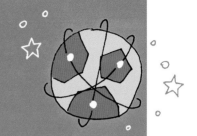

第 **3** 章

chapter 3

インターネットの仕組み

第 **3** 章　インターネットの仕組み

3.1　データがどうやって届くのか？

　ここまでは、主にユーザの手もとにある機器の中で何が起きているのかを中心に紹介してきました。本章では、ユーザの手もとにある機器からインターネットにデータが出て行き、そのデータが目的地までどうやって到達するのかを紹介します。

3.2　パケット交換方式の仕組み

　インターネットを通じてデータがどのように届くのかを知る前に、まずはデータがどのような単位で相手まで届けられるのかを知る必要があります。

　インターネットを流れるすべてのデータは、「パケット」と呼ばれる小さな単位に分割されて、届けられます。「パケット（packet）」という英単語は、小包という意味を持ちます。その名のとおり、各パケットはすべて個別の小包や葉書のように別々に送付されます。たとえば、あるPCからほかのPCにファイルを送信するとき、**図3.1**のようにファイルが細切れに分割されたパケットとして送信されます。

54

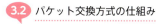

図3.1 パケットに分割されて送信されるファイル

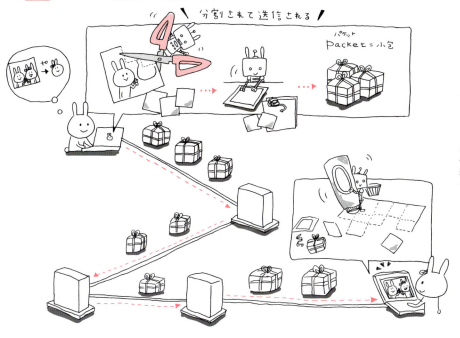

　この「小分けにされる」というのが非常に重要です。インターネットの前身であるARPANETが開始された1970年ころは、「パケット」が最新の研究分野でした。小分けにしてデータを送ることができる「パケット交換方式」が実用化されるまでは、電話などの通信は「回線交換」という技術によって行われていましたが、回線交換方式は通信中に回線を占有します。通信中に回線を専有するということは、その回線を利用して同時に行える通信が1つだけです。そのため、回線交換方式で複数の通信を同時に行うためには、複数の回線を物理的に用意する必要がありました。

　一方、小分けにすると、**図3.2**のように各小分けデータが回線を専有する時間を短くして、あたかも複数のデータが1つの回線を同時に使っているように錯覚させることができます。複数の通信を1つの回線で共有することによって、回線の利用効率が上昇するわけです。

第 3 章　インターネットの仕組み

図3.2　パケットに区切ることによって回線を共有

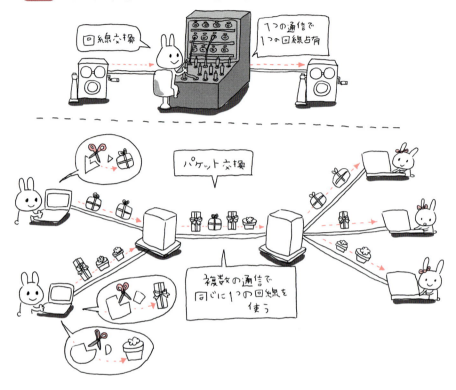

　一見たいしたことではないように思えますが、パケット交換方式による回線利用効率が上がることは非常に大きな意味を持ちます。回線の利用効率が上昇すれば、用意しなければならない回線数が減らせるため、ネットワークを構築するための費用を軽減できます。物理的に複数の回線を敷設しないと複数の通信を同時に行えない回線交換方式と比べると、パケット交換方式の方が圧倒的に低コストで通信環境を整備できたのです。

　多少大げさな言い方かもしれませんが、データを小分けにして通信を行うパケット交換方式は、その技術のおかげでインターネットが生まれた、もしくは、その技術を研究する過程でインターネットが生まれたとも言える大きな要素なのです。

3.3 パケットを転送するルータ

このようなパケットをインターネット上で転送していく機器は「ルータ」と呼ばれます。「経路」という意味を持つRoute（ルートもしくはラウトと発音）という英単語がありますが、経路を提供するという意味で「Router（ルータやラウターと発音）」です。

先ほど、パケットは小包のようなものであると紹介しましたが、パケットにも小包同様に宛先が記載されています。各ルータはインターネットの全体像を把握しているわけではなく、パケットに記載されている宛先を見ながら、次のルータに向けてパケットを転送しているだけです。ルータは、自分がどのような通信を実現しているのかなど、細かいことを気にせず、個々のパケットに記載された「宛先」に従ってパケットをひたすら転送することだけに専念します。インターネットの設計では、ルータはできるだけ単純な作業だけをします。

では、ルータはどうやって適切な転送先を判断しているのでしょうか？

ルータが次の転送先を判断できるのは、「この宛先に届けたいときにはどっちに転送すればいいか」を確認できる道路標識のような「経路」を集めた「ルーティングテーブル」を持っているためです。ルーティングテーブルのアナロジーが「地図」ではなく、「道路標識」と筆者が表現しているのには理由があります。ルーティングテーブルは**図3.3**の道路標識のように、「○○という宛先はこっち」という情報が記されているものであり、地図のように詳細な道筋や全体像が記されているわけではないのです。

第3章 インターネットの仕組み

図3.3 道路標識のようなルーティングテーブル

　パケットを受け取ったルータが行うのは、ルーティングテーブルに記載された、「○○という宛先はこっち」という経路の情報と、「○○宛」という宛先IPアドレス情報を付き合わせて、適切な「次」へと送信するだけなので、あまり深く考えなくても処理ができます（**図3.4**）。

3.3 パケットを転送するルータ

図3.4 ルータとルーティングテーブル

このように、どのようなパケットがいつどこでどのように転送されたのかをまったく把握せずに、各パケットに記載された情報と、あらかじめ用意されたルーティングテーブルだけで基本的なルータは稼働しています。

もう少しわかりやすくするために、現実世界にあてはめて考えてみましょう。

説明するのに多少無理矢理感は否めませんが、宛先が東京都千代田区○×のとある住所、出発地点は名古屋、パケットは目的地へと向かう車とします。車は、名古屋から東京に向かうために、東名高速道路に乗ったとします。そのとき、東名高速道路の標識には、その車を運転している人が行きたい住所がそのまま書かれているわけではなく、大まかに「東京はこっち」というようなことが書いてあるだけです。東名高速道路を降りて、さらに目的地に近づいて行くと、徐々に標識に書いてある地名も詳細なものになっていき、最終的に車が目的地に到着できます。

車の場合は地図はカーナビがありますし、パケットは車のように自分自身が

判断して動いているわけではないという意味では、無理矢理感が否めないたとえではありますが、ルータは道路にある標識だけを頼りに向かっていくような感じだと思ってください。

　各ルータが把握しているのは、大まかな宛先に対して向かうべき方向を示した経路だけです。

　このように、各ルータ単体で考えると、各自は単純な作業しか行っていません。しかし、複数のルータが互いに連携してパケットを転送していくことで、最終的にパケットが送信元から宛先へと届くというのがインターネットの面白いところです。

　先ほど、ルータはルーティングテーブルに従ってパケットを転送しているだけであることを紹介しましたが、次は「198.51.100.111」というIPアドレス宛のパケットを例に考えてみましょう。

図3.5　ルータに転送されていくパケット

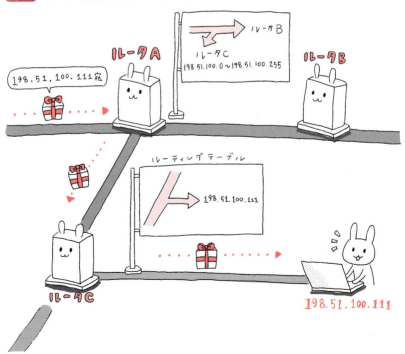

3.3 パケットを転送するルータ

　この**図3.5**のように、まず「198.51.100.111」宛のパケットがルータAに到着したとします。ルータAのルーティングテーブルには、198.51.100.0から198.51.100.255までのIPアドレスを宛先として持つパケットは、ルータCへと転送するとあるので、ルータAは受け取ったパケットをルータCへと転送します。

　ルータCは、198.51.100.111というIPアドレスが設定されたコンピュータが自分に接続されていることを知っているので、受け取ったパケットを198.51.100.111へと転送します。

　このように、各ルータはネットワークの全体像を知っているわけではなく、各ルータがその場その場に応じて受け取ったパケットをどの方向に転送するかだけを考えて処理が行われています。インターネットは、このように、途中経路上のルータは単純な作業だけを行うことがポイントなのです。

　ここまでの例では、道路標識であるルーティングテーブルがすでに存在するものとして表現していますが、「あれ？　ルータは、ルーティングテーブルをどうやって生成しているのだろう？」と思った方は鋭いです。

　ルータがルーティングテーブルをどのように生成するのかは、インターネットを理解するうえで非常に重要なポイントです。

　先ほどまで、ルータが受け取ったパケットをルーティングテーブルに従って転送する行為は「フォワーディング（forwarding）」と呼ばれています。受け取ったパケットを次へとフォワードする、すなわち次へと転送することです。このフォワーディングは、すでに作成されたルーティングテーブルを参照しながらパケットを転送しているだけであり、ルーティングテーブルを生成しているわけではありません。フォワーディングは、すでに存在するルーティングテーブルを使っているだけなのです。

第**3**章　インターネットの仕組み

3.4 ルーティングテーブルに掲載される「ネットワーク」

　ここまで、ルーティングテーブルに経路が生成されるという表現を漠然と使ってきましたが、その「経路」とは、いったい何でしょう？

　ルーティングテーブルには、宛先となるネットワーク、そのネットワークへのパケット送信先、その経路の優先度などが含まれています[注1]。

　ルーティングテーブルに登録される宛先となる「ネットワーク」は、IPアドレスの集合体です。IPアドレスとポート番号のアナロジーとしてマンションと部屋番号という説明をしましたが、ネットワークとIPアドレスの関係のアナロジーとしては、ネットワークが市町村を大まかに示したもので、IPアドレスが番地情報を含めたマンションの所在地を示したものという感じになります。

　住所情報であれば、市町村を示す場合には番地情報等を記載しないだけです。たとえば、千葉県浦安市が市町村で、千葉県浦安市舞浜1番地1が詳細な住所になります。

　一方、IPアドレスは住所情報と異なり固定されたビット数で表現されているので、「この部分までがネットワークで、すべてのビットを使ったものがIPアドレス」になります。ネットワークもIPアドレスも同じビット数で表現されるのですが、どのビットがネットワークを表現するために利用されるのかを示すために、IPアドレスと「ネットマスク」が利用されます。

　ネットマスクとは、IPアドレスからネットワークを示すビット列を抜き出すための情報です。

　コンピュータの世界では、データから特定の情報を取り出す「マスク処理」（または「ビットマスク」）という手法があります。データの一部分を覆い隠すことによって除去することが可能であることから、口や顔を覆う「マスク」の

注1)　システムなどによってルーティングテーブルに含まれる内容は異なりますが、ここでは大まかに表現しています。

62

3.4 ルーティングテーブルに掲載される「ネットワーク」

アナロジーとして生まれたコンピュータ用語がマスク処理です。

IPアドレス[注2]には、ネットワークを示すネットワーク部が前半にあり、それに続いてホスト部があります。

ネットワーク部がネットワークを示し、ホスト部がネットワーク内に存在する機器（具体的には機器のネットワークインターフェース）を示します。どこまでがネットワーク部で、どこがホスト部であるかを示し、IPアドレスからネットワーク部を示すビット列を得るためなどに使われるのがネットマスクです。

IPアドレスからネットワーク部の情報を取り出すのにネットマスクを利用するとき、ビット演算のANDが使われます。ビット演算のANDは、2つの入力の両方が1であるときに1になり、どちらかが0であれば0という結果を返す演算です。IPアドレスとネットマスクを利用してANDのビット演算を行うと、IPアドレスのビットのうち、ネットマスクのビットが1となっている部分だけのビットが1になります。ネットマスクで0となっているビットの部分は「マスクされる」わけです。

図3.6 IPアドレスとネットマスクの例

IPアドレス	192.0.2.15	11000000 00000000 00000010 00001111
		AND演算
ネットマスク	255.255.255.0	11111111 11111111 11111111 00000000
		↓
出力結果	192.0.2.0	11000000 00000000 00000010 00000000

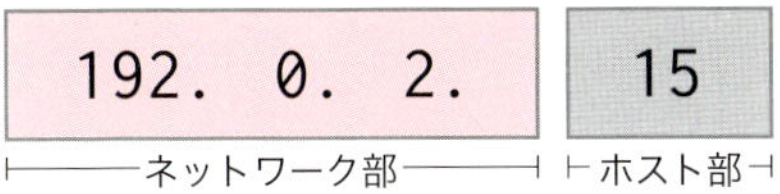

```
┌──────────────────────┬────────┐
│   192.  0.  2.        │   15   │
└──────────────────────┴────────┘
├──────ネットワーク部──────┤├ホスト部┤
      （ネットマスク255.255.255.0の場合）
```

注2) ネットワーク部とホスト部という表現が使われるのはIPv4だけです。IPv6は、ネットワーク識別子と、インターフェース識別子に分かれます。IPv6に関しては、第9章を参照してください。

第**3**章 インターネットの仕組み

たとえば、**図3.6**のように192.0.2.15というIPアドレスと、255.255.255.0というネットマスクを利用して、ネットワーク部を抽出する場合を考えてみましょう。IPアドレスとネットマスクを入力とするAND演算を行うと、ネットマスクが255.255.255.0なので、IPアドレスの32ビットのうち最初の24ビットの値がそのままとなり、IPアドレスの最後の8ビットがすべて0になります。そのため、192.0.2.15というIPアドレスと、255.255.255.0というネットマスクで表される経路は、192.0.2.0というネットワークを宛先としたものになります。

ネットマスクではなく、プレフィックス長でネットワークが表現されることもあります。プレフィックス（prefix）は、英語で「接頭辞」や「前に置く」や「前に置いてあるもの」という意味を持つ単語です。IPアドレスの前半部分がネットワークを示し、後半部分がネットワーク内でのホストを示すものとなるため、前半部分の何ビット目までがネットワーク部であるかを示すのがプレフィックス長です。プレフィックス長を使ってネットワークを表現するとき、そのネットワークをIPアドレスと「/」に数字が続く形で表現します。

たとえば、192.0.2.0/24となっていれば、192.0.2.0の最初の24ビットがネットワーク部を示します。プレフィックス長が8の倍数であればわかりやすいのですが、プレフィックス長が8の倍数にならない場合もあります。先ほど、**図3.6**で紹介した例では、ネットマスクが255.255.255.0だったので、プレフィックス長が8の倍数である24でした。

次は、プレフィックス長が23、24、25、26の場合を考えてみましょう。

図3.7のように10.128.15.193というIPアドレスがあったとして、プレフィックス長が23、24、25、26のとき、それぞれの場合のネットワーク部は、どのようになるでしょうか？

3.4 ルーティングテーブルに掲載される「ネットワーク」

図3.7 プレフィックス長が23、24、25、26の例

```
IPアドレス
10.128.15.193      00001010 10000000 00001111 11000001

●/23の場合のネットマスク 255.255.254.0
                   11111111 11111111 11111110 00000000
●/23の場合のネットワークアドレス 10.128.14.0
                   00001010 10000000 00001110 00000000

●/24の場合のネットマスク 255.255.255.0
                   11111111 11111111 11111111 00000000
●/24の場合のネットワークアドレス 10.128.15.0
                   00001010 10000000 00001111 00000000

●/25の場合のネットマスク 255.255.255.128
                   00001010 10000000 00001111 11000000
●/25の場合のネットワークアドレス 10.128.15.128
                   11111111 11111111 11111111 10000000

●/26の場合のネットマスク 255.255.255.192
                   11111111 11111111 11111111 11000000
●/26の場合のネットワークアドレス 10.128.15.192
                   00001010 10000000 00001111 11000000
```

プレフィックス長が23の場合、ネットマスクは32ビットのうちの先頭23ビットが1なので、255.255.254.0になります。10.128.15.193と255.255.254.0のAND演算を行うと、10.128.14.0となり、10.128.14.0/23というネットワークになります。

プレフィックス長が24の場合は、10.128.15.0/24と非常にわかりやすいです。プレフィックス長が25の場合は10.128.15.128/25になり、プレフィックス長が26の場合は10.128.15.192/26になります。

第**3**章　インターネットの仕組み

　個々の経路は、このようなIPアドレスとネットマスクを含んで表現されます。ルーティングテーブルは、そういった宛先への経路を示すものなので、そういった宛先とともに、どうやったらその宛先にパケットを送信できるのかが記載されています。

　ルーティングテーブルに含まれる「パケットの送信先」として登録されるものとしては、パケットを転送してくれる隣のルータや、パケットを送信するために利用するネットワークインターフェースなどです。宛先となるネットワークと、パケットの送信先を合わせることで、「このパケットをここに送りたければ、ここに依頼するといいよ」といった感じになります。

3.5　小規模なネットワークでの 静的なルーティングテーブル生成例

　では、ルーティングテーブルはいつどのように生成されるのでしょうか？　実は、その方法にはさまざまなものがあり、どれか1つだけに決まっているわけではありません。状況や設定に応じて変わってきますが、人間が手動で設定する静的なルーティングテーブル作成と、ルータ同士が協調してルーティングテーブルを生成する動的なルーティングテーブル生成に大別できます。

　ルーティングテーブルが作成される過程を考えるために、ここでは、まずとても単純なネットワークの例で考えてみます。ネットワーク構成やネットワークの形のことを「トポロジ」と呼びますが、**図3.8**のように3台の機器が数珠つなぎにつなぎになったトポロジがあったとします。機器Aのネットワークインターフェースはa1、機器Bのネットワークインターフェースはb1とb2、機器Cのネットワークインターフェースはc1とします。

　図3.8のようなトポロジでは、複雑なルーティングは必要ありません。末端にいるAとCは、Bへとパケット転送を依頼する以外に方法がありません。間にいるBも、宛先に応じてパケットをAかCに転送すれば済みます。このネットワークでは、間にいる機器Bが「自分のつながっているネットワークをすべて知っている」ので、ルーティングが可能になっています。

3.5 小規模なネットワークでの静的なルーティングテーブル生成例

図3.8 3台の機器が数珠つなぎになったトポロジ

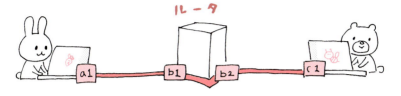

今回の例では、AとBとCに対して静的にルーティングテーブルを作成してみます。静的な設定なので、AとBとCに対して個別に管理者が手動設定します。管理者は、トポロジをあらかじめ把握しているものとします。

まず、最初にAを見てみましょう。このネットワークでは、AとBとCしか存在しないので、AはBとCと通信できれば大丈夫です。

Aのa1とBのb1は直接接続されているので、Aが通信に利用しているネットワークインターフェースa1に対してパケットを送信すれば、Bに届くことが期待できます。

さらに、AがCと通信をするためには、Bがパケットを転送する必要があるので、AからCへの通信もAのネットワークインターフェースa1に対してパケットを送信するように手動設定します。

この例では、CもAと同様の状況です。Cは、BとAに対してパケットを送信するとき、ネットワークに接続しているネットワークインターフェースc1経由で送信するようにルーティングテーブルを設定します。

Bは、b1とb2という2つのネットワークインターフェースを持っています。まず、BがAと通信したいときを考えましょう。BはAとb1を通じて接続しているため、BがAにパケットを送信したいのであれば、b1へとパケットを送信する必要があります。そのため、Bのルーティングテーブルには、「Aへの経路はb1」という設定を行います。同様に、「Cへの経路はb2」というルーティングテーブルをBに追加したうえで、Bがルータとして動作するように受け取ったパケットを他のネットワークインターフェースへと転送できるように設定すれば、BがAからのパケットをCへとパケットを転送できるようになります。

第**3**章　インターネットの仕組み

　このように、A、B、Cすべての機器を個別に手動設定することで、**図3.8**のトポロジで機器同士が相互に通信できるようになります。

3.6　デフォルトゲートウェイ

　先ほどの例では、機器AとBはネットワークインターフェースを1つしか持っていないため、どのような通信であれ、とりあえず自分のネットワークインターフェース経由でパケットを送信するという設定でも通信ができてしまいます。どうせ出口はひとつしかないので、深く考えずにすべてのパケットをそのひとつのネットワークインターフェースで行うのは自明なのです。

　そういったときに、よく使われるのが「デフォルトゲートウェイ」です。

　コンピュータ用語としての「デフォルト」という単語は、適切な選択肢が存在しない場合に採用される標準の設定という意味で使われます。多少乱暴な説明になってしまいますが、「ゲートウェイ（gateway）」という単語は、ルータの別名だと考えてください[注3]。

　「デフォルトゲートウェイ」は、デフォルトのゲートウェイなので、明示的に指定された経路以外の宛先へのパケットを送信してもらうためのルータです。明示的に指定されていない「その他全部」がデフォルトになるのですが、そもそも「その他全部」ではない経路が1つも設定されていなければ、毎回必ず「その他」の設定が採用されます。ルータ1台に依存すれば良い機器は、依存すべきルータを「その他全部」として設定するという単純な設定でインターネットと通信ができるようになるのです。

　このデフォルトゲートウェイは、家庭内ネットワークなど、みなさんの手もとの機器で設定されていることが多いです。光ファイバによるインターネット

注3)　ルータとゲートウェイは厳密には違うものですが、デフォルトゲートウェイとして使われるのはルータですので、ここでは単純化して説明してしまっています。

68

3.7 小規模ネットワークでの動的なルーティングテーブル生成

接続サービスを利用する家庭を例に考えてみましょう。

図3.9のように、家庭内ネットワークとインターネットの橋渡しをするルータは1台だけということが大半です。このような環境では、家庭内ネットワークに接続する機器は、「インターネットと通信をするのであれば、このルータにパケット転送を依頼すればOK!」となるので、デフォルトゲートウェイを設定するだけでインターネットとの通信が可能になります。

図3.9 家庭内ネットワークで利用されるデフォルトゲートウェイ

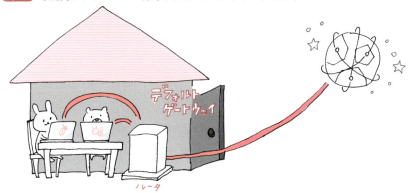

3.7 小規模ネットワークでの動的なルーティングテーブル生成

では、デフォルトゲートウェイの先にあるルータは、どのようにルーティングテーブルを生成しているのでしょうか？ すべての相手までの経路情報をあらかじめ手動で設定してもいいのですが、何らかの変化が発生するたびに設定を手動で変更する必要があります。そのため、ネットワークの規模が大きくなってくると、すべてを手動設定するのが困難になってきます。小規模ではないネットワークでは、ルータ同士が協調しつつ自動的に計算する動的ルーティング（ダイナミックルーティング）が使われます。

動的ルーティングにもいくつかの種類があります。たとえば、すべてのルータ

第**3**章　インターネットの仕組み

が「自分の隣にいる機器のリスト」をほかのすべてのルータと共有することで、それぞれがネットワーク全体の地図を作るという方法があります。この方法は、組織やプロバイダの内部ネットワークでよく利用されるOSPF（Open Shortest Path First：RFC 2328参照）という動的ルーティング手法で使われています。

「全員のお隣さん情報がわかればネットワークの全体像がわかるよね」というOSPFの仕組みは、直感的ではあるのですが、インターネット全体でやろうと思うと規模がとても大きくなってしまい現実的ではありません。規模が大きくなってしまうと、「お隣りさん情報」をやり取りするパケットも膨大になりますし、誰がどのように繋がっているのかを計算するのにかかる時間なども膨大になってしまって使い物になりません。OSPFのような仕組みは、インターネット全体で使えるようなものではないのです。

では、インターネット全体のルーティングはどのように行っているのでしょうか？

3.8 ネットワーク内のルーティングとネットワーク間のルーティング

ここでインターネットが「ネットワークのネットワーク」であったことを思い出してください。ルーティングもまた、ネットワークを単位として、「ネットワーク内」と「ネットワーク間」に分ける方式が採用されています。各組織は自分のネットワーク内のルーティングに責任を持ち、ネットワーク同士が協調してネットワーク間のルーティングを行うというモデルです。

ネットワーク内の動的ルーティングの仕組みをIGP（Interior Gateway Protocol）、ネットワーク間の動的ルーティングの仕組みをEGP（Exterior Gateway Protocol）と言います[注4]。IGPは各組織で自由に決めてかまいませんが、EGPはイン

注4）　昔、EGPという名前のプロトコルが存在していたので紛らわしいのですが、本章で「EGP」と書くときは、ネットワーク間のルーティングプロトコル全般の意味とします。

ターネットにつながるすべてのネットワークで同じ仕組みを使っています。

　このように階層が分かれているため、個別のネットワーク内で何かルーティングの障害が発生しても、ほかのネットワークには影響を与えません。個々のネットワーク内だけに影響する細かい設定ミスを気にせずにインターネット全体が運用できるのです。

　これもまたインターネットの粘り強さの一因だと言えるでしょう。もちろん、この階層化には、世界中の人々が使うような巨大なネットワーク全体についてルーティングの計算を行うためという現実的な事情もあります。ネットワーク内とネットワーク間に分けることで計算量は劇的に軽減します。

3.9 AS（Autonomous System）とルーティング

　インターネットが「多数のネットワークがつながり合ったもの」であると紹介しましたが、個々の「ネットワーク」とは何でしょうか？　現在のインターネットを構成する個別の「ネットワーク」は、AS（Autonomous System/自律システム）と呼ばれています（**図3.10**）。ASの日本語訳は「自律システム」ですが、その名のとおり、ASは自律して運用されている個別のネットワークです。多少語弊がある表現ではありますが、「大きなネットワークを持つ組織の多くは、AS[注5]を持っている」ぐらいのイメージで考えてください。

　要は、ASというのは各組織が自分の責任のおよぶ範囲内で自分のネットワークを管理するというものです。

注5）　個人でAS番号を登録するといった事例もあるので、ASは大きな組織専用でもないです。また、大きな組織であるからとってAS番号を必ず登録しているというわけでもありません。

図3.10 AS内に、さらにネットワークがある

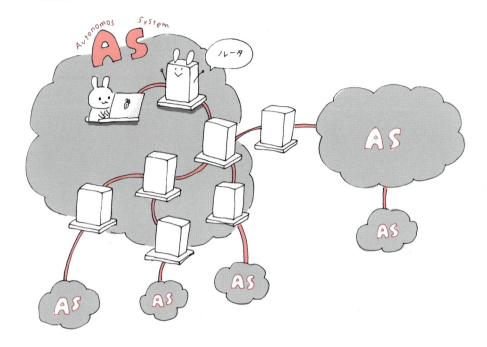

　基本的に、1つのASはそれぞれ世界で一意となる「AS番号」を持ち、それぞれのASごとに特定の組織によって運用されています。インターネットではグーグル、Amazon、FacebookなどのASが、それぞれASを持っています。1つの組織が複数のASを運用している場合もあります。たとえば、日本でデータセンターやホスティング事業を営む、さくらインターネットは西日本と東日本で別々のASを運用しています。

　ここでまたルーティングの話に戻るのですが、ルーティングは大きく分けて2種類あります。AS内で行われるものと、AS同士をつなぐものです。前述したとおり、初期のインターネットは「ゲートウェイ」と呼ばれる門番のような機器同士がつながることで実現していましたが、そのゲートウェイの内側、すなわちそのゲートウェイを管理している組織内部のネットワークでのルーティングを行う

3.9 AS（Autonomous System）とルーティング

プロトコルがIGP（Interior Gateway Protocol）と分類され、ゲートウェイ同士をつなぐプロトコルがEGP（Exterior Gateway Protocol）と分類されています[注6]。

　先ほどまでの紹介は、AS内で行われるもの、すなわちIGPを念頭に解説していました。次は、AS同士をつなぐルーティングを紹介します。実際のインターネット上には数えきれないほどの大量の機器が接続されています。インターネットに接続されたすべてのルータが、そのほかすべてのルータの存在をすべて把握するIGPのような構造では、大規模なネットワークは実現できません。そのため、各組織ごとに自分が管理するネットワークという責任範囲を明確にし、その範囲外と範囲内で管理を分けるという手法でインターネット全体が運用されています。各組織内部のルーティングはIGPで行い、集約された経路を扱うルーティングをEGPで行うという形です。

　ASの管理者は、自分のAS内でのルーティングを管理しますが、ほかのASの内部の詳細な構造までは管理しません。管理しないというよりも、むしろ「管理できないし、外部からはどうなっているかの詳細は知ることも難しい」という方が近いかもしれません。ほかのASから見えるのは、「あのAS内には、192.0.2.0から192.0.2.255までのIPアドレスを持つネットワークがあるらしい」という、集約された情報だけです。

　では、実際にAS間の通信がどのようになっているのかを見て行きましょう。まずは、**図3.11**のように、AS同士が直接接続されており、それぞれのAS内にある機器同士が通信をする場合を考えましょう。

注6）　1982年に策定されたゲートウェイ同士をつなぐプロトコルの名前もEGPですが、本書では分類としてのEGPだけを紹介し、プロトコルとしてのEGPは割愛します。

第3章 インターネットの仕組み

図3.11 隣り合うAS同士での通信

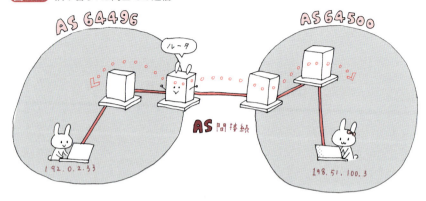

この**図3.11**では、AS 64496とAS 64500がAS同士でつながっています。AS 64496内で稼働している192.0.2.33というIPアドレスを持つパソコンと、AS 64500内で稼働している198.51.100.3というIPアドレスを持つパソコンが互いに通信しているとします。この2台のパソコン同士が通信をするためには、途中経路上のルータに該当するルーティングテーブルが要求されますが、AS間接続によってその経路情報が交換されています。

さて、次はAS 64496とAS 64500が直接つながっていない場合を考えます。**図3.12**では、AS 64496とAS 64500は直接接続されておらず、AS 64502が間で通信を仲介しています。

図3.12 間に他のASを挟んだ通信

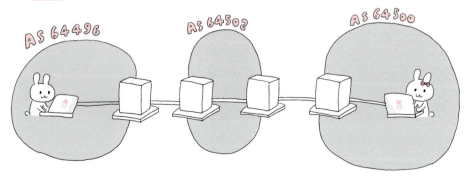

74

3.10 BGP (Border Gateway Protocol)

　ここで注目していただきたいのは、あるネットワークからほかのネットワークにデータを送り届けるためには多くの場合で他者に頼らなくてはいけないという事実です。左側にあるAS 64496のユーザが右側にあるAS 64500のユーザにメールを送る場合、一度AS 64502にそのデータを送る必要があります。

　このようにほかのASのためにパケットを転送することによって、通信を行う機器同士が所属するAS同士が直接接続されていなくても通信ができるというのがポイントです。そういったAS同士がつながった世界規模のネットワークがインターネットであるとも言えます。

3.10 BGP (Border Gateway Protocol)

　AS同士は、BGPと呼ばれるプロトコルで接続しあっています。このBGPの仕組みと、それを前提としたインターネットそのものを運営するための経済活動がビジネス面での強さを構成する背景になっています。

　AS内部で利用されるルーティングプロトコルであるIGPには、OSPF、IS-IS（Intermediate System-to-Intermediate System）、RIP(Routing Information Protocol) などさまざまなものがあり、各ASの管理者が状況に応じて好きなものを選べますが、AS間接続はBGPという単一のプロトコルのみでインターネットが構成されています。

　インターネットは、ASという組織単位のネットワークの集合体ですが、AS自身もネットワークの集合体です（以後、「ネットワーク」という表現は、AS内にあるネットワークを指します。）。

　どのASにどのようなネットワークが存在しているのかを伝えるために使われるのが、BGPというプロトコルです。BGPでやりとりされる経路情報は、ネットワークがどのASにあり、そのASに対して到達するには、どのようなASを経由するのかといった情報です。

　BGPを利用するルータは、BGPルータと呼ばれます。BGPルータ同士は常

に接続状態を維持し続け、その接続を利用して経路情報をやりとりします。BGPによる接続が行われたBGPルータ同士は、互いを「ピア（peer）」と呼びます。「ピア」という英単語には、「同等」「対等」「仲間」という意味を持ちますが、情報通信分野では「通信相手の機器」や「通信相手」という意味で使われています。BGPでは、経路を決定するための各種パラメータがBGPルータからBGPルータへと伝言ゲームのように伝えられていきます（**図3.13**）。

図3.13 BGPによる伝言ゲーム

図3.13のようなAS間接続が行われた環境では、図の一番下にあるAS64498からの192.0.2.0/24への経路は、192.0.2.0/24というネットワークを持

つ AS 64496を目指すものになります。

パケットが通過する経路を AS単位で見てみると、「AS 64502と AS 64496を通過して AS 64500へ到着する経路」という形になります。AS 64502、AS 64496、AS 64500という列で表現される、192.0.2.0/24への経路があるということです。

次は、BGPで192.0.2.0/24の経路情報が伝言ゲームのように伝わっていく流れを見てみましょう。まず AS 64496のBGPルータは、自分のところに192.0.2.0/24というネットワークがあるというメッセージを、隣のASであるAS 64500のBGPルータに伝えます。

続いて、AS 64496にあるBGPルータは、受け取ったメッセージに含まれるAS番号の前に自分のAS番号を追加して、さらに隣のAS 64502のBGPルータに伝えます。

このようにして、メッセージが各ASのBGPルータを通過するたびに、宛先ネットワークに対して通過するASの列ができあがっていきます。このASの列のことをASパス（AS Path）と呼びます。

図3.13で各ASの脇に描いてある吹き出しが、各ASから192.0.2.0/24までの経路（ASパス）です。このように伝言ゲームのように経路情報が伝えられるBGPによってインターネットは成り立っています。

3.11 IPv4パケットの形

少し話が戻りますが、IPパケットについてもう少し詳しく見てみましょう。ここまで、パケットは小包のようなものであると説明してきましたが、インターネットを流れるIPパケットは、実際にはどのようなものなのでしょうか？

コンピュータの世界では、データなどを表現する型を「フォーマット」と呼ばれています。インターネットを利用して通信を行うためのインターネットプロトコルは、IPパケットのフォーマットも定義しています。

インターネット上でさまざまな機器同士が通信を行えるのは、パケットがどのよ

うな構造をしているのかに関して共通認識があるためです。たとえば、宛先IPアドレスがどこにどのように記載されているのかに関して、みんながバラバラの認識を持っていたら、パケットを正しい宛先に届けるのが困難になってしまいます。

では、IPパケットのフォーマットを見ていきましょう（**図3.14**）。インターネット上を転送されていくIPパケットは、ヘッダ部とデータ部に分かれています[注7]。

ヘッダは、英語で「header」ですが、「頭」や「先頭」という意味がある英単語であるheadにerがついたものです。headerという単語は、「見出し」という意味もあります。ヘッダは、先頭に来るものなのです。

図3.14 ヘッダ部とデータ部

IPヘッダ	データ部

RFC 791という文書がIPv4プロトコルを定義していますが、そこに記載されているIPv4ヘッダは、**図3.15**のような「フィールド」によって構成されています。**図3.15**の1目盛は1ビット、1行で32ビットです。

図3.15 IPv4ヘッダフォーマット

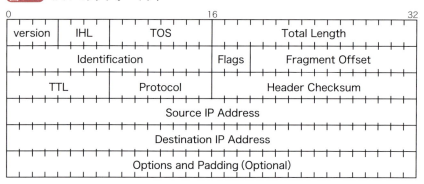

各フィールドの意味は、次のようになっています。

注7）　データ部の名称が「ペイロード（payload）」と表現されることもあります。

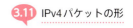

◻ version [4ビット]

IPのバージョンを表します。一般に向けて普及したインターネットはバージョン4ですが、現在のインターネットで最も使われているバージョンも引き続き4です。

IPv4アドレス在庫枯渇問題に対応するために開発されたIPバージョン6のIPパケットでは、この4ビットが6になります。しかし、IPv6ヘッダのフォーマットはIPv4ヘッダのフォーマットと異なるため、「IPv4ヘッダのversionフィールドが6になる」というわけではなく、最初の4ビットが2進数で0100の4ならばIPv4ヘッダフォーマットを利用するパケットで、0110の6ならばIPv6ヘッダフォーマットを利用するパケットということになります。

◻ IHL (IP Header Length) [4ビット]

IPv4ヘッダは、最後の部分が可変長となるオプションフィールドですが、IPv4ヘッダ全体の長さを示すフィールドとしてIHLフィールドが用意されています。IHLフィールドには、IPヘッダ長を4で割った値(32ビットワードの数)が入ります。通常はIPヘッダオプションが付加されないので、20オクテットを示す5になります。

◻ TOS (Type Of Service) [8ビット]

昔は、即時性を求める通信であるかどうかなど、パケットのサービス特性を示すためのものでしたが、2000年頃に、このToSオクテットの用途が再定義され、いまでは別の用途で使われています[注8]。

◻ Total Length [16ビット]

データグラム全体の大きさを表します。この値はIPヘッダを含む値です。

注8) 8ビットのうちの6ビットがDiffserv (RFC 2475) で利用するDSCP (Differentiated Services Code Point) を格納するDS Field (RFC 2474)、残りの2ビットがECN (Explicit Congestion Notification) で使われています (RFC 3168)。

第**3**章 インターネットの仕組み

そのため、この値は20以下になることはありません。IHLフィールドとは異なり、このフィールドの値はバイト単位 (8bit単位) です。

■ Identification ［16ビット］

環境によっては、IPパケット全体を一度に転送できないことがあります。インターネットプロトコルでは、そのような状況になったときに、1つのIPパケットを複数のIPパケットとして分割して転送する仕組みがあります。分割されたIPパケットは「フラグメント」と呼ばれますが、フラグメントの識別に使われるのが、このIdentification (識別) フィールドです。

識別は、このフィールドと送信元IPv4アドレスの両方を使って行われ、各フラグメントが元のIPパケットのどの位置だったかを示すのがFragment Offsetフィールドです。

■ Flags ［3ビット］

各ビットの機能を次の**表3.1**にまとめました。

▼表3.1 Flagsの値

R D M S F F V		
	RSV	Reserved。将来のために予約されているという名目で未使用のビット
	DF	Don't Fragment。値が1の場合には、IPパケットをフラグメントしないことが求められる
	MF	More Fragments。値が1の場合には、まだフラグメントされたデータグラムの一部が続くことを示す。値が0の場合には、最後のフラグメントであることを示す

■ Fragment Offset ［13ビット］

このフィールドはフラグメントが元パケットのどの位置だったのかを示すために使われます。

■ TTL (Time To Live) ［8ビット］

IPパケットを転送しても良い最大ホップ数を表します。ルータでIPパケッ

80

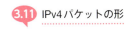

トが転送されるたびに値が1引かれ、この値が0になるとIPパケットは破棄されます。このフィールドは、ネットワーク内でIPパケットが永遠に転送され続ける状態に陥るのを防ぎます。

◻ Protocol [8ビット]

IPパケットは、IPヘッダの次に別のプロトコルのヘッダが続きます。IPヘッダの次に続くプロトコルとしては、TCP（6番）、UDP（17番）、ICMP（1番）などが一般的です。TCPとUDPは第4章、ICMPは第8章でそれぞれ紹介します。

◻ Header Checksum [16ビット]

通信途中にエラーが紛れ込んでいることを検知するために用意されたフィールドです。IPヘッダ全体の値を元に検証用の値が作成され、このフィールドに記載されます。チェックサムの値は、IPv4ヘッダに記載された内容が途中で変更されるたびに再計算されます。たとえば、ルータでTTLが1引かれるごとに再計算が行われます。

◻ Source IP Address [32ビット]

送信元のIPアドレスです。

◻ Destination IP Address [32ビット]

宛先のIPアドレスです。

◻ Options and Padding

必要に応じて付け足されるオプションです。可変長です。IPv4ヘッダの大きさは4で割り切れるオクテット数である必要があるため、オプションが32ビットで割り切れない大きさとなる場合には、足りない部分を0で埋めるパディングが行われます。

第**3**章　インターネットの仕組み

3.12 層に分かれるネットワーク

　IPv4ヘッダの構造は、このような形になっていますが、このようなIPヘッダの直後には、別のプロトコルのヘッダが続いています。IPパケットが運んでいるデータ部分は、ほかのプロトコルのヘッダとデータなのです。

　ヘッダの次に別のプロトコルのヘッダが続くというのは、パケットの中に別のパケットが入っているようなものです。パケットというのは、入れ子構造になっているロシアのマトリョーシカ人形のようになっているのです。

図3.16　入れ子構造になっているパケット

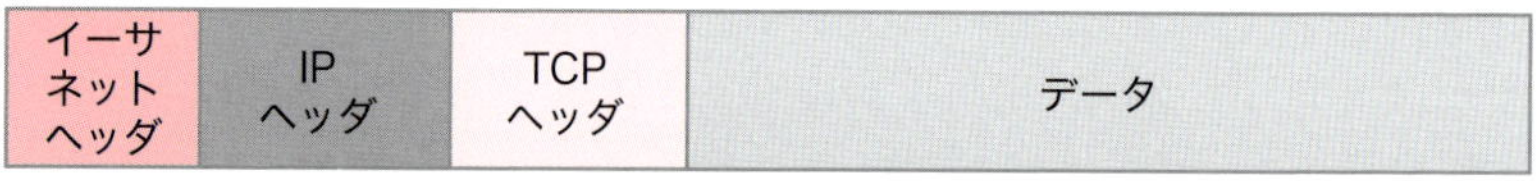

イーサネットヘッダ	IPヘッダ	TCPヘッダ	データ

　インターネットの仕組みを理解するための常套手段として、「層に分けて考える」という方法があります。本書では、**表3.2**のように5つの「層（レイヤ）」に分けて考えます[注9]。入れ子構造になっているパケットも、それぞれの「層」で使われるという解釈ができます。

▼**表3.2**　インターネットのレイヤ（層）

層	内容	例
アプリケーション層	個々のアプリケーション	WWW、メール
トランスポート層	End-End間の通信制御	TCP、UDP
ネットワーク層	データを送る相手を決め最適な経路で送る	IP
リンク層	隣接機器同士の通信を実現する	Ethernet、PPP
物理層	物理的な接続、電気信号	光ファイバ、電話線

　本書で紹介する5層モデルの一番下は物理層です。一般的に、物理層のことをレイヤ1（Layer 1）とも言います。物理層は、物理的な接続形態を表します。

注9)　本書では、7層のOSI参照モデルの説明は割愛します。

たとえば、光ファイバ、電話回線、LANケーブル（Ethernetケーブル）、無線などは物理層に相当します。

下から2番めの層はリンク層です。レイヤ2（Layer 2）とも言います。リンク層は、隣の機器との接続性を確保します。ここでの接続性とは、物理層での物理的接続ではなく、論理的な接続です。たとえば、光ファイバで2台の機器を接続しても同じ方法で通信をしないと通信は成り立ちません。このような隣の機器との通信方法を決定しているのがリンク層です。リンク層では、物理層の違いを吸収するという作業も行っています。たとえば、光ファイバもしくはLANケーブルで通信できるEthernetというものがあります。下の物理層が異なっていても、リンク層がその違いを隠蔽すれば、それより上は一番下がどんな物理的接続形態なのか考えずに済みます。

下から3番めはネットワーク層です。レイヤ3（Layer 3）とも言います。ここでは、隣よりもさらに離れた機器との通信を実現します。レイヤ2であるリンク層が実現した隣との接続からデータを得たうえで、さらに隣に渡すのがレイヤ3です。IPv4やIPv6はレイヤ3のプロトコルです。レイヤ2とレイヤ3の違いを図3.17に示します。

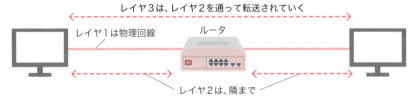

図3.17 レイヤ2とレイヤ3の違い

図3.17のように、レイヤ3では離れた地点との通信を実現します。すごく乱暴に言ってしまえば、ルータを超えないのがレイヤ2で、ルータを超えるのがレイヤ3です[注10]。このように、階層分けした設計には理由があります。階層

注10) 同じセグメント内に存在する機器同士がルータを超えずに通信を行う場合でも、レイヤ3を介しますが、本書では割愛します。

第**3**章 インターネットの仕組み

構造がない状態では、複数の物理回線を転送するような遠隔地同士の通信を行う際に、上位層が下位層のすべてを把握する必要がある設計になってしまう可能性もあります。たとえば、途中経路上を構成する物理回線に、銅線と光ファイバと無線が使われるといった情報を通信開始時に末端機器同士が把握する必要があるような設計だと非常に不便です。

そのような設計にならないようにするために、インターネットでは物理回線の特性に左右されることが多い隣との通信と、複数のルータを経由するような通信を分けた階層構造の設計がとられています。

このように、階層構造のお陰で各ルータが接続している物理形態やリンクに左右されずにレイヤ3が動作できます。このネットワークを越えた通信をするのがIP（インターネットプロトコル）と呼ばれるものです。

次のレイヤ4は、トランスポート層と呼ばれます。レイヤ3までは、パケットが届くまでの作業をしますが、レイヤ4以上（以上というのは4を含みます）は宛先にパケットが届いてからの作業をします。

ここも階層構造になっています。パケットを届ける通信そのものと、どのようなパケットがどのように届くべきかや、同じ機器同士が同時に複数の通信を行う際のセッションを分別するような機能は、別の層として設計されているのです。

層に分けることによって、第4層であるトランスポート層のプロトコルとして複数の選択肢を選ぶことも可能になっています。

IPパケットが運ぶプロトコルとして、TCPだけではなく、UDPなど別のプロトコルも利用できるようになっているのです[注11]。

先ほど、IPヘッダの次に来るプロトコルとしてTCPやUDPを紹介しましたが、それらはレイヤ4の代表的なプロトコルです。TCPとUDPは、インターネットを利用している人であれば、必ず使っているであろうプロトコルです。

次章では、TCPとUDPを説明します。

注11） UDPとTCPだけが第4層のプロトコルというわけではなく、ほかにもさまざまなプロトコルがあります。

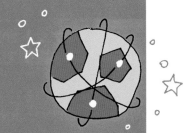

第 **4** 章

chapter 4

TCPとUDPとポート番号

第**4**章　TCPとUDPとポート番号

4.1 パケットが届く、その裏側では何が起きているのか？

　先ほどの章で、ルータがパケットを転送する仕組みを紹介しました。数多くのルータが協調しつつ、自律的にルーティングテーブルを生成することでインターネットは成り立っています。

　さて、先ほどの章で「あれ？　これってパケットが届かないこともあるのでは？」と気づかれた方々もいらっしゃると思います。そうなんです。インターネットを構成する機器は「パケットが届くようにできるだけがんばる」というベストエフォート（Best Effort／最善努力）で動作するのであって、パケットの到達を保証するわけではないのです。そのため、パケットが途中経路で喪失することもあります。がんばってみたけど、やっぱりダメだったものに関しては、てへぺろ☆なのです。

　パケットが喪失する理由には、さまざまなものがあります。たとえば、ルータ間をつなぐ物理的な回線が何らかの理由によって通信不能な状態に陥ることもあります（**図4.1**）。たとえば、日本国内でユーザの家庭に伸びる光ファイバケーブルにクマゼミが卵を産みつけて光ファイバが破損することもあります。地中に埋められていた光ファイバをショベルカーが掘り起こして切断してしまったり、漁船の錨が光海底ケーブルを引っ掛けてしまって壊してしまうこともあります。

　アメリカ国内で庭師が光ファイバをハサミで切ってしまったり、ハンターが空中配線された光ファイバを散弾銃で撃って壊してしまうこともありました[注1]。ケーブルが盗まれることもあれば、ハリケーンや台風・地震などの自然災害の影響を受けることもあります。

注1)　次のURLは、2010年にGoogleが通信障害に関して語ったプレゼンテーションです。ハンターに光ファイバを撃たれて通信障害が発生した話などが紹介されています。NANOG 49: Worse is better ; https://www.nanog.org/meetings/abstract?id=1595

4.1 パケットが届く、その裏側では何が起きているのか？

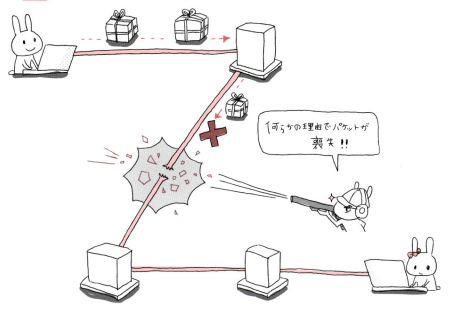

図4.1 何らかの理由でパケット喪失

ルータ間をつなぐ物理的な回線障害以外にもいろいろあります。たとえば、ルータが物理的に故障することもありますし、ルータに対して管理者が間違った設定をしてしまうこともあります。ある特定のルータに対して過度なトラフィックが集中して、ルータがパケットを処理しきれずにパケットが喪失してしまうこともあります。そういった障害が発生したときに、「こっちは通信ができないらしい」と周辺のルータが把握し、代替経路を各自が自律的に計算します。新しい経路が発見されれば、その経路を通じてパケットが送信されます。

このように、インターネットを構成するルータが各パケットの詳細を把握せずに宛先だけを見てパケットを処理するのも、インターネットの重要な特徴です。各パケットがどのような順番で配送されるべきかなどを途中経路上のルータが把握しなくても良いので、ルータは必要最低限の情報だけを把握するだけで動作できます。

第**4**章 TCPとUDPとポート番号

　もし、ルータがすべてのパケットが正しく到着するようにがんばる設計であったとしたら、ルータは自分が処理すべきすべての通信の状態を把握する必要が出てしまいます。そうすると、恐ろしいほどの処理能力と記憶能力がルータに求められ、結果としてルータが非常に高価な通信機材になってしまっていたでしょう。ルータの処理を軽減することで、ルータに必要とされる機能を最小限にとどめることができます。機能が減れば、開発コストや機器に要求されるスペックを抑えることができるため、価格を下げられます。このように、電話網など他のネットワークと比べてルータの価格を低く抑えられる設計であったことも、インターネットが世界的に普及する要因の1つだったと言えます。

4.2 複雑な処理は末端に任せる

　インターネットは本来、「パケットが届くかどうかを網そのものが保証しない」という、いい加減とも言える大雑把な仕組みです。しかし、データが届いたかどうかがいっさい確認できないようでは、通信が成り立ちません。何らかの方法で、データが届いたかどうかを確認する必要があります。

　インターネットは、相手に確実にデータを届ける処理を末端機器に任せるという設計を採用しています。途中経路上のルータは個別の通信に関して関知しないので、個別の通信を行っている当事者同士が各自で通信状況を把握する、という設計です。途中経路上でパケットが失われるかもしれないけど、失われたら再度送りなおすことで、データが正しく相手に届くように末端の機器同士ががんばるのです（**図4.2**）。

4.2 複雑な処理は末端に任せる

図4.2 末端の機器同士がパケット到達性を確保

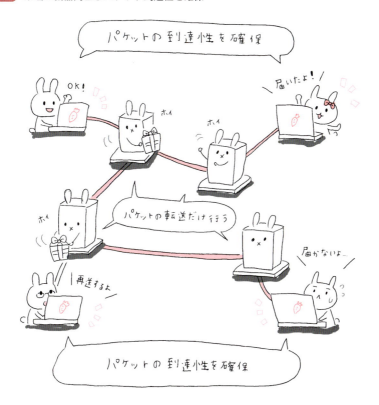

　末端の機器同士ががんばる設計の最大の特徴は、分散処理となることです。ルータががんばる設計では、ルータは、そこを通るすべての通信に関して把握しなければならないのですが、末端の機器ががんばる設計であればそれぞれの機器が各自でがんばれば良いだけになります。分散処理は、インターネットの設計思想において随所で見られる重要な概念です。

第**4**章　TCPとUDPとポート番号

4.3　到達性を保証するTCP

この、「末端の機器」ががんばる仕組みを実現しているのが、TCP（Transmission Control Protocol）です。

TCPは、インターネットを構成する非常に重要な要素です。インターネットに関連するプロトコル群（インターネットプロトコルスイート/Internet protocol suite）をまとめて語るときに「TCP/IP」と表現することからも、TCPがインターネットの根幹であることがわかります。Webを含む、インターネットにおける通信の大半がTCPを前提にしています。

TCPは、**図4.3**のように、相手に届かなかったと推測されるパケットを再度送信する機能を提供しています。途中経路上で喪失したり、内容が送信時と変質してしまったパケットが発生したとき、送信側が再度送信を行ってデータが受信側に届くよう努力します。

大事なのはパケットそのものではなくパケットが運んでいるデータなので、すべてのパケットが確実に届くことが大事なのではありません。このような言い方をしてしまうと非常にややこしく聞こえてしまうかもしれませんが、実は非常に単純なことで、パケットが喪失や変質してしまって相手に正しくデータが届かなかったら、別のパケットを使って同じデータを再度送りなおせば良いのです。TCPは、相手に正しくデータが届かなかったと判断すると、届かなかったパケットが運んでいたデータを再度別のパケットで再送信することで、データの到達性を保証しています。

TCPによる喪失パケットの検出は、送信側と受信側で受信完了パケットをやりとりすることで行われます。受信側は、送信側に対して「ここまでのパケットは受け取り終わったよ」という通知を返します。この通知は、ACKと呼ばれています。ACKは、「確認」という意味を持つ「Acknowledgement」という単語を略したものです。

4.3 到達性を保証するTCP

図4.3 パケットの喪失や変質時に行われる再送

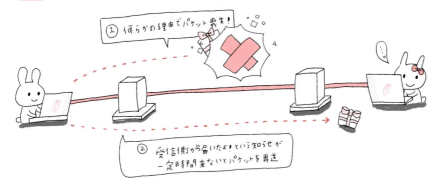

　送信側は、パケットを送信したあとに受信者側からのACKが届かないと、「受信側にパケットが届かなかった」と判断し、再度同じデータを含むパケットを送信しなおします。

　TCPは、送信側で送られたのと同じ順番でデータを受け取るための機能も提供しています。インターネットで転送されるパケットは、途中で破棄されるだけではなく、途中経路上で順番が変わってしまうこともあります。たとえば、「か」と「ば」を順番に別々のパケットで送ったとき、送信されたときと同じ順番で受信者側に届くと「かば」ですが、パケットの順番が変わったまま解釈してしまうと「ばか」になってしまいます。インターネットを介したデータの順番が変わってしまわないようにすることも、非常に大事なのです。

　このように、送信されたデータが正しく受信側に伝わるためにさまざまな機構をTCPは提供しており、ユーザから見るとTCPによる仮想的な接続が存在しているように見えます。離れた相手とあたかも直接つながっているかのような錯覚を起こさせるのです。第1章で少しだけ紹介しましたが、この仮想的な接続は「バーチャルサーキット」と呼ばれています。第1章では、「ドラえもんのどこでもドア」のように見えると紹介しましたが、ユーザにとってはTCPを利用したソケットが「どこでもドア」なのです。

　TCPソケットは、TCPが提供するバーチャルサーキットを利用するための扉であり、そこにデータを出し入れするとインターネットを通じて反対側の扉

第**4**章　TCPとUDPとポート番号

へと通信が行えるように見えます。このように、TCPが裏でがんばることによって、TCPを利用するアプリケーションはあまり深く考えずに離れた相手とデータのやりとりを行えるわけです。

アプリケーションを作る人が、途中ネットワークでのパケット喪失を意識せずにプログラムを書けるというのは、非常に大事です。もし、TCPが存在しなければ、インターネットを利用するすべてのユーザが、ネットワークそのものの挙動を細かく知りつつ通信を行わなければならないという状況になっていたかもしれません。

そのような環境では、アプリケーションを作れる人は限られてしまいます。もし、TCPが存在しなかったら、インターネットは普及しなかったかもしれません。

4.4 セッションの識別と「ポート番号」──複数の通信を同時にできる仕組み

インターネットは、複数の通信を同時に行える通信ネットワークを目指した研究の結果でもあります。この「複数の通信を同時に行える」というのは、非常に大きなポイントなのです。

たとえば、Webを見る場合を考えてみましょう。Webは、HTMLと呼ばれる記述方法で表現されていますが、HTMLではWebページ内に画像を埋め込むことができます。

ある特定のWebページに複数の画像が埋め込まれている場合、複数のTCP接続が同じ機器同士で行われることがあります[注2]。そのとき、それぞれのTCP接続は、どのように識別されているのでしょうか？　TCPによって個々のバーチャルサーキットは、それぞれ独立しており、それぞれの通信内容が混じってしまうと困ります。TCPでは、各バーチャルサーキットは「セッション（session）」と呼ばれています。

各TCPパケットが、どのセッションに含まれたものであるかは、パケット

注2)　HTTP/2になると多少状況が変わる場合もありますが、本書では詳細は割愛します。

4.4 セッションの識別と「ポート番号」──複数の通信を同時にできる仕組み

のIPヘッダとTCPヘッダに記載された情報によって識別されます。識別に利用される情報は、IPヘッダに記載されたプロトコル番号（TCPは6番）と送信元IPアドレスと宛先IPアドレス、TCPヘッダに記載された送信元ポート番号と宛先ポート番号の5つです。TCPセッションの識別に使われるこれらの5つは、5タプル（5 Tuples）と呼ばれることがあります（**図4.4**）。

図4.4 TCPパケット

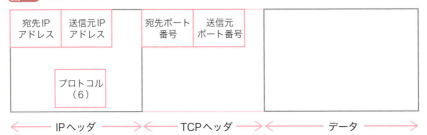

TCPヘッダは、**図4.5**のようになっています。TCPでは、これらの情報を使ってパケットが運ぶデータをユーザに届けています。

図4.5 TCPヘッダ

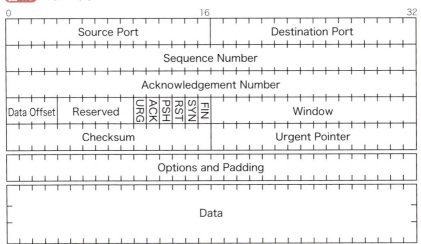

第4章　TCPとUDPとポート番号

▼表4.1　TCPヘッダの解説

Source Port [16ビット]	送信元ポート番号	
Destination Port [16ビット]	宛先ポート番号	
Sequence Number [32ビット]	TCPセグメントが運んでいる最初の1バイトのシーケンス番号。ただし、SYNフラグが有効になっている場合には、このフィールドの値はInitial Sequence Number (ISN) になる。最初に送られるデータのシーケンス番号は (ISN+1)	
Acknowledgement Number [32ビット]	受信側が期待する次のシーケンス番号 (このフィールドの値+1を受信側は期待) を表す。ACKフラグが有効になっている場合に利用される。一度TCPコネクションが確立されると、すべてのTCPセグメントでACKフラグが有効になる	
Data Offset [4ビット]	TCPヘッダの大きさを32ビット単位で表す。TCPヘッダ長はこのフィールドの値に4を掛けた値になる	
Reserved [6ビット]	未利用	
Control Bits [6ビット]	URG	帯域外データが付属していることを示すフラグ
	ACK	ACKであることを示すフラグ
	PSH	プッシュ機能を示すフラグ
	RST	TCP接続をリセット (切断)
	SYN	シーケンス番号を同期 (Synchronize) させる
	FIN	これ以上はデータが送信されない
Window [16ビット]	受信側が一度に受け取れるデータサイズを表す。単位は8ビット (オクテット)。この値を制御することで、輻輳制御が行われる	
Checksum [16ビット]	チェックサムの計算は、TCPチェックサム計算用に作成されるpseudoヘッダ、TCPヘッダ、TCPペイロード (データ部分) から計算される。チェックサムの計算対象のデータ長が2で割り切れない値の場合には、パディングが行われる	
Urgent Pointer [16ビット]	URGフラグが有効になっている場合にのみ利用されます。Urgent dataの位置を表す。帯域外データ (Out Of Band Data) を運ぶためのものだが、普通は使用しない	
Options And Padding [可変長]	TCPヘッダの最後に、オプションを付加でる。オプションは、8ビットの整数倍の長さになる。オプションの長さが32ビットの整数倍にならない場合、パディングが行われる	

4.5 TCPパケットを扱うカーネル

　macOS、LinuxなどのUNIX系OSやWindowsでは、TCPパケットを扱うのはカーネルです。カーネルは、受け取ったパケットのIPヘッダとTCPヘッダに含まれる情報から、各パケットをどのように処理すべきかを判断します。

　図4.6のように、カーネルがネットワークインターフェースから受け取ったパケットをひとつひとつ確認して、適切なソケットへデータが渡されるようにします。

図4.6 カーネルによるパケットの選別とソケット

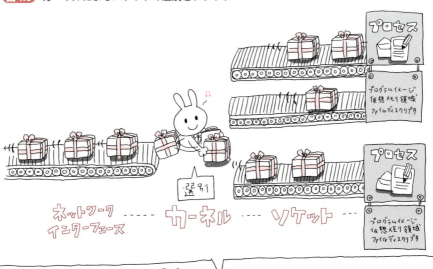

　TCPでは、パケットそのものがソケットを経由してアプリケーションに渡されるわけではありません。ユーザが欲しいのは、送信側のアプリケーション

で「どこでもドア」であるバーチャルサーキットに送り込んだデータそのものであり、通信経路上でやりとりされるパケットそのものではありません。

カーネルは、ネットワークインターフェースで受信したパケットを「ソケットバッファ」と呼ばれる一時保管用の領域に格納したうえで、必要に応じてソケットを経由してデータをアプリケーションへと渡します（**図4.7**）。

図4.7 パケットに含まれるデータがプロセスに渡されるまで

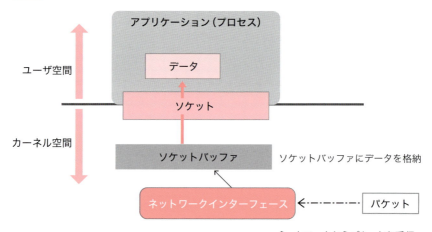

さて、次は、もう少しTCPのポート番号を掘り下げて考えてみましょう。TCPは、バーチャルサーキットを確立しますが、同じIPアドレス同士で2本以上のバーチャルサーキットを確立するには、どうするのでしょうか？ポート番号に「送信元ポート」と「宛先ポート」の2種類があるのは、そういった状況にも対応できるようにするためです。

図4.8は、192.0.2.1というIPアドレスで運用されているWebサーバに対して、2つクライアントからTCP接続が張られています。203.0.113.100というIPアドレスのクライアントから1本と、198.51.100.20というIPアドレスのクライアントから2本です。2つのクライアントは、Webサーバに対してTCPポート80番を宛先とするTCP SYNパケットを送信して、TCP接続を確立します。

図4.8 TCP接続の一意性

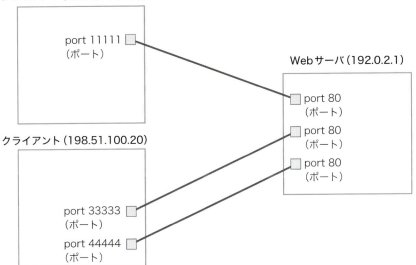

　図4.8図で着目すべきは、198.51.100.20というIPアドレスを持つクライアントから2本のTCP接続が確立されている点です。この2つのTCP接続で異なるのは、クライアント側の送信元TCPポート番号です。このように、5タプルのうち1つでも違えば、異なるTCPセッションとして認識できるので、同じ機器同士で複数のTCPセッションを通じて通信を行うことができます。

　皆さんが利用されているWebブラウザが、同じWebサーバに対して複数のHTTPセッション経由で同時にデータを取得できるのは、Webサーバ宛のTCPパケットの宛先ポート番号が80番であったとしても、各TCPセッションごとにTCPの送信元ポート番号が異なるからなのです。

4.6 TCPによる接続の確立

次に、TCPによる通信開始がどのように行われるのかを紹介します。何もせずに、常にTCPのバーチャルサーキットが存在し続けているわけではありません。TCPでの通信を行うには、まず最初にTCP接続を確立する必要があります。TCPでは、通信を開始したい側が「このポート番号で接続させてください」という接続要求パケットを送信します。

接続要求を受け取った側は、その接続を受け入れるのであれば、「いいですよー」という内容の応答を返します[注3]。「いいですよー」という応答を受け取った通信開始側は、「ありがとうございます。よろしくお願いします。」という内容を送信して、TCP接続が確立します。このやりとりでは、3回メッセージがやりとりされるので、3 way handshakeと呼ばれています（図4.9）。

図4.9 3 way handshake

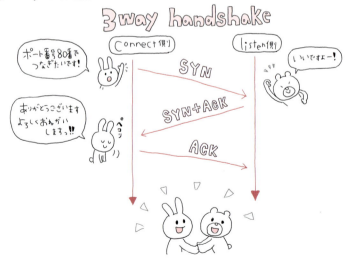

注3）　TCPのSYNに対する応答は、SYN＋ACKなので、実際は「いいですよー」ではなく、「つないでください、いいですよー」であるとも言えます。

3 way handshakeで最初に送信されるTCP接続要求パケットは「SYNパケット」と呼ばれます。このSYNというのは、「synchronize（同期する）」という意味です。

SYNパケットによって同期されるのは、パケットが運ぶデータの位置を示すためのシーケンス番号です。シーケンス番号は、どのパケットが喪失したのかや、配送中にパケットの並び替えが発生したことを検知するために利用されます。接続を開始するというよりも、シーケンス番号を同期することが名称に反映されている点が非常に興味深いと言えます。

SYNパケットを受け取った側が、接続を許可するときに送信するパケットは「SYN + ACK」と呼ばれています。ACKというのは、受け取り通知や承認という意味を持つ英単語「Acknowledgement」の頭文字です。「SYN + ACK」というのは、SYNに対するACKという意味です。

ACKは、3 way handshakeの最後に送信されますが、TCP接続確立後に「データがちゃんと届きましたよー」という通知を接続相手に伝えるためにも利用されます。

4.7 TCPによる輻輳制御機構

TCPの機能は、パケットの喪失に対応するだけではありません。TCPが提供する非常に重要な機能として、「利用可能なネットワーク帯域に合わせた通信を行う」という輻輳制御機能もあります。

「輻輳」は、物が一個所に集中して混雑することを示す言葉です。通信工学では、専門用語としてよく使われます。TCPが輻輳を制御するというのは、輻輳状態に対する対処方法を示しています。

TCPの輻輳制御機構は、TCPの重要機能であると同時に、インターネットにとっても非常に重要な要素です。図4.10のように、インターネットに接続した機器が、途中ネットワークでの輻輳をまったく考慮せずに各自で好き勝手

に「オラオラオラー！」とパケットを送信してしまうと、途中経路が輻輳だらけになってしまい、まったく通信ができない状況が定常的に続いてしまう可能性があります。

図4.10 ネットワークにおける輻輳状態

TCPは、インターネットに接続された末端機器同士が各自の判断で送信量を増やしたり減らしたりしているわけですが、その結果として、**図4.11**のように末端機器同士があたかも通信帯域を「ゆずりあっている」ようにも見えます。

実際は、最適送信量でパケットを送ることで効率良くデータを送信できる、ということを目的としているので礼儀正しくすることを目的としているわけではないのですが、「オラオラオラー！」と何も考えずにフルパワーでパケットを送信しまくるのと比べると礼儀正しいようにも見えます。

4.7 TCPによる輻輳制御機構

図4.11 通信帯域のゆずりあい

　TCPの輻輳制御機構にはさまざまな種類がありますが、基本的なものとしては、たとえばパケット喪失が発生するまではパケット送信量を倍々にしていき、パケット喪失を検知するとパケット送信量を1に戻すという手法があります[注4]。このような、徐々にパケット送信量を増やしていく方式は「スロースタートアルゴリズム」と呼ばれます。

　スロースタートアルゴリズムでは、TCP接続確立直後に同時送信可能なパケット数が1となるので、TCP接続確立直後は利用可能なネットワーク帯域が狭いという特徴があります。新しいTCP接続を細かく確立し直すことを繰り

[注4] 一般的な実装では、ある閾値を超えると倍々ではなく1ずつ増えます。また正確には「パケット数」ではなく「セグメント数」です。本稿では詳細を割愛しますが、興味がある方はTCPについて調べてみてください。面白いです。たとえば、TCPに関するRFCの構成をまとめたRFC 7414も読み物としてお勧めです。

101

第**4**章 TCPとUDPとポート番号

返すよりも、TCP接続を維持しつつ通信を行う方が効率が良くなることもあるのです。

その一方で、TCPは一度に送信できるデータ量には上限があり、ACKの返信があるまでは次のデータを送れなくなってしまうこともあるため、ACKが戻って来るまでに時間がかかる遠距離での通信などでは通信性能が制限されることがあります。

そういった環境では、複数本のTCP接続を並行して同時に利用した方が単位時間あたりの通信量を確保できる傾向があります[注5]。TCP接続を減らした方が良い場合もある一方で、増やした方が良い場合もあるのです。TCP接続をどのような状況で何本張るようにプログラムを書くかは、アプリケーションプログラマの腕の見せどころだったりします。

コラム column 「HTTP/2はどうなるのか？」

2015年5月にHTTP/2の仕様がRFC 7540として発行されました。HTTP/2は、長年使われてきたHTTP 1.1やHTTP 1.0との後方互換性を維持しつつも、大規模な機能拡張が行われようというものです。従来のHTTPである1.0および1.1と、HTTP/2を比べると**図4.12**のようになります。

具体的には、それまで基本的に1つのTCPセッションが1つのHTTPセッションとなり、1つのHTTPリクエストに対してHTTPレスポンスが返されるとTCPセッションも終了するという利用が大半でした[注6]。

それまで、非常に細かい単位で毎回TCPセッションを張りなおしていたため、各TCPセッション開始直後のTCP確立までの時間や、TCPセッション開始後のスロースタートが、TCPセッションごとに毎回行われていました。

たとえば、あるWebページ内に画像ファイルが50個含まれていれば、元となるWebページを取得する1回のTCPセッションのあとに、画像ファイルを取得するために50回のTCPセッションが開始されます。数キロバイトぐらいの小さい画像ファイルが多い場合、接続してはすぐに切断するような細かいTCPセッションが頻発します。

注5) RFC 5348参照。
注6) HTTP 1.1のパイプラインの仕組みを利用すれば1つのTCPセッションで複数のHTTPリクエストを処理できます。

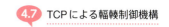

HTTP/2は、1つのTCPセッションで複数のHTTPセッションをやりとりできるようにすることで、それまでTCPセッションのたびに行われていた処理が行われずに、HTTPセッションを高速化することを目指すというものです。HTTP 1.1のパイプラインでも、1つのTCPセッションで複数のHTTPセッションを行えますが、個々のHTTPセッションが終了してから次のHTTPセッションを開始するというものだったので、1つのTCPセッションで同時に1つのHTTPセッションしか行えませんでした。HTTP/2では、個々のHTTPセッションの終了を待たずに並行して複数のHTTPセッションでやり取りができるという点が大きな違いです。

図4.12 HTTP 1.0・1.1とHTTP/2の違い

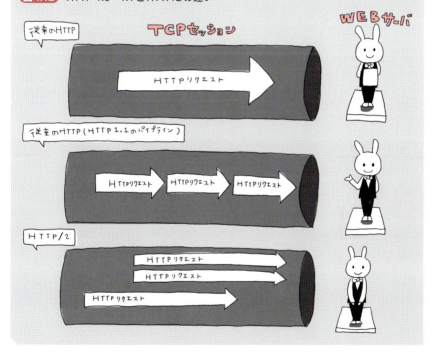

第**4**章 TCPとUDPとポート番号

4.8 UDP (User Datagram Protocol)

　IPヘッダに続くのは、TCPヘッダだけではありません。ソケットを利用した通信もTCPに限定されるものではありません。

　インターネットにおける通信の大半がTCPによるものですが、音声や動画の通信であったり、リアルタイム性が要求されたり、TCPほどの機能が不必要であったり、マルチキャストやブロードキャストによって同時に多数の相手と通信したいときなどに使われるプロトコルとして「UDP」があります。

　のちほど紹介するDNSにもUDPが使われています。

　TCPは、インターネットの初期から存在していました。そもそも、当初はデータの到着が保証されるTCPだけですべての通信を実現しようとしていました[注7]。

　しかし、TCPだけですべての通信を行おうとすると不都合がありました。TCPでは、送信側からのデータをすべて正しく届ける努力をしますが、ネットワークの状態によっては正しく受信者に届かなかったパケットが再送されて届くまでに時間がかかってしまうことがあります。

　そのため、正しく届くことよりも早く届くことが重要な通信にTCPは向かなかったのです。

　たとえば、音声通話を行う通信アプリケーションなどでは、すべてのデータが正しく到達することよりも、多少のロスが存在したとしても短時間でパケットが到達した方が使いやすい場合もあります。

　リアルタイムに行われる会話などでは、録画音声をネットワーク経由で再生するときのようにデータの到着が間に合わないたびに音声を一時停止するより

注7)　今のインターネットの前身であるDARPA Internetの仕組みを解説した論文が1988年に書かれていますが、その論文の中にもTCPが語られています。
http://portal.acm.org/citation.cfm?id=205458
D.D.Clark. The Design Philosophy of the DARPA Internet Protocols, Proceedings of ACM SIGCOMM, Pages 106-114, September 1988.

4.9 投げっぱなしジャーマンスープレックス！

も、音声が一部欠落してでもリアルタイムな会話ができることを優先する方が良い場合もあります。

　TCPのようなデータ再送は、アプリケーションにデータを届けるまでに大きな遅れを発生させることがあるため、届かなかったら気にせずに次のデータを受け取れるような通信方式としてUDPが使われることがあります。

　TCPのように到達性を保証しない通信形態として、TCPよりも後に考案されたのがUDP（User Datagram Protocol）です。IPヘッダに記載されるIPプロトコル番号として、TCPが6番、UDPが17番であることからも、UDPがTCPよりも後に考案されたことがわかります。

4.9 投げっぱなしジャーマンスープレックス！

　UDPはデータが宛先に届いたかどうかをプロトコルで確認しないため、データの到着を保障しない点がTCPと異なります。TCPでは相手にデータが届いたかどうかなどを含めてていねいに確認する一方で、UDPパケットの送信側は「投げっぱなしジャーマンスープレックス[注8]！」という感じで、「投げたあとは知りません」というスタンスです。

　TCPとUDPを比べると**図4.13**のようになります。

注8） ジャーマンスープレックスは、プロレス技です。相手の背後から腰に腕を巻きつけて反りながらリングに叩き付ける技です。ジャーマンスープレックスは、反りながら相手をリングに叩きつけつつ、ブリッジ状態になってホールドする技ですが、ホールドせずに相手を放り投げると「投げっぱなしジャーマンスープレックス」と呼ばれます。

第 4 章 TCP と UDP とポート番号

図4.13 投げっぱなしジャーマンスープレックスなUDP

　このため、UDPを使った通信を前提とするプログラムを書く場合には、パケットがネットワークの途中で消えてしまったり順番が入れ替ってしまうことを想定する必要があります。

　「投げっぱなしジャーマンスープレックス！」なスタンスには利点もあります。TCPでは、相手に対してデータが到着したかどうかを確認したり、並び替えに対処するためにパケットが到着していてもユーザに渡せなかったり、輻輳制御のために送信量が制限されたりします。しかも、これらの処理はOS内部で行われるため、ユーザアプリケーションは何が起きているのか感知しにくい構造になっています。

　このように、TCPでの処理はリアルタイム性を損なうことがありますが、UDPにはそれらが存在しないため、UDPはTCPと比べてリアルタイム性があります。UDPには複雑な仕組みが存在していないので、何か特別な処理が必要である場合には、各アプリケーション実装者がそれぞれプログラムを自作する必要があります。たとえば、UDPを利用しつつ輻輳制御が必要となるよう

な場合には、輻輳制御機構を自作する必要があります。

　面倒ではありますが、アプリケーションごとに各自が柔軟に仕組みを実装できるという利点があります。

4.10　分身の術！

　IPv4では、ユニキャスト、ブロードキャスト、マルチキャストの3種類の通信方法が存在しています。ユニキャストは1対1の通信、ブロードキャストは1対多（不特定多数）の通信、マルチキャストは1対多（特定多数）の通信です[注9]。

　ブロードキャストは、同じネットワークセグメント内のすべての機器に対して同時にパケットが送信される仕組みです。送信者からのパケットが複製されてネットワークセグメント内に送られます。

　マルチキャストは少し特殊な通信です。マルチキャストでは、そのパケットを受信したい受信者は、そのマルチキャストグループに参加します。マルチキャストグループへの参加表明が行われた機器に対して、ネットワーク機器が必要に応じて複製されたパケットを届けます（**図4.14**）。マルチキャストはブロードキャストと異なり、ある特定のマルチキャストグループに対して、送信することになるため、マルチキャスト[注10]は「特定多数」との通信となります。

　TCPは、1対1の通信だけを想定しており、IPv4ではユニキャストだけで通信ができます。マルチキャストやブロードキャストでTCPを使うことはできないのです。それに対してUDPは、1つデータパケットを送ればネットワークで必要に応じて増やして送ってくるブロードキャストやマルチキャストが利用

注9）　IPv6では、ユニキャスト、マルチキャスト、エニーキャストの3種類です。IPv6では、ユニキャストとエニーキャストでTCPが利用できます。ただし、昔はIPv6エニーキャストでTCPを利用できない仕組みでした。

注10）　ブロードキャストが不特定多数、マルチキャストが特定多数なのは、マルチキャストは「そのグループに参加する」と表明した特定多数に向けて送信されるものだからです。

できます。UDPを使うことで、途中経路上のルータがパケットに対して勝手に「分身の術！」といった感じで必要に応じて増えてくれるのです[注11]。

図4.14 ブロードキャストとマルチキャスト

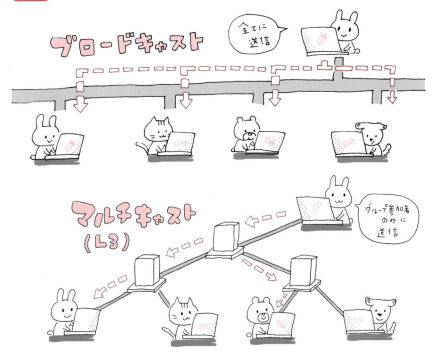

ブロードキャストやマルチキャストを利用することにより、送信側は受信者数に関係なく必要最低限のパケットだけ送っていれば、あとはネットワークが適切に処理をしてくれるため送信側のアプリケーションの負荷を大きく軽減できます。

ブロードキャストやマルチキャストは、多数の相手に送信できるものですが、相手を直接指定せずに「必要な人が受けとって！」ということもできます。

注11）ここではUDPの特徴というふうに紹介してしまっていますが、実際はブロードキャストやマルチキャストといったIPが持っている特徴をTCPが使えないだけという話であったりもします。

TCPを使うには通信相手を明示する必要がありますが、UDPを使うことによって、誰が受け取るかは知らないけど必要に応じて受け取ってほしい通信を実現できます。

4.11 UDPパケットのフォーマット

では、UDPパケットが実際にどのようなフォーマットになっているのかを見てみましょう。UDPヘッダは、IPヘッダの次に来ます。IPパケットがUDPを運ぶものであるとき、IPヘッダのプロトコルフィールドが17になります（**図4.15**）。

図4.15 UDPヘッダ

```
0                          16                         32
+--------------------------+--------------------------+
|       Source Port        |     Destination Port     |
+--------------------------+--------------------------+
|         Length           |         Checksum         |
+--------------------------+--------------------------+
```

▼**表4.2** UDPヘッダの解説

Source Port [16ビット]	送信元ポート番号
Destination Port [16ビット]	宛先ポート番号
Length [16ビット]	パケット長をバイト単位(8ビット単位)で表したもの。UDPヘッダ長を含む。そのため、このフィールドの最小値は8になる
Checksum [16ビット]	チェックサム。チェックサムの計算は、UDPチェックサム計算用に作成されるpseudo IPヘッダ、UDPヘッダ、UDPペイロード(データ部分)から計算される。チェックサムの計算対象のデータ長が2で割り切れない値の場合には、パディングが行われる。このフィールドが0のときは、チェックサムがdisableされている。チェックサムの計算結果が0になるときには、0xffが使用される

UDPヘッダは非常にシンプルです。このことからも、UDPそのものが非常にシンプルで機能が少ないプロトコルであることがわかります。

アプリケーションによっては、ユーザが自分で細かく指定したい場合もあるため、TCPのような複雑さがない方が便利な場合もあり、そういったときに

第**4**章　TCPとUDPとポート番号

便利なのがUDPです。

　ただし、UDPはTCPのようにさまざまな処理をしてくれないので、パケット喪失を検知するような機能が必要であれば、アプリケーションプログラマが自分で作らなければなりません。TCPと比べると、UDPはアプリケーションプログラマが自分で必要な機能を自作するカスタム設定用の通信プロトコルであるという見方もできます。

　ここまで、通信を行う際の宛先はIPアドレスであることを説明してきました。

　しかし、実際には「www.example.com」のような「名前」で通信先を指定することが非常に多いです。インターネットには、人間がわかりやすいように「名前」とIPアドレスを変換する仕組みとしてDNS（Domain Name System）というものがあります。

　次章では、DNSを紹介します。

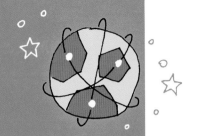

第 **5** 章

chapter 5

DNSと「名前」

第5章 DNSと「名前」

5.1 名前解決とは何か？

　これまで、IPアドレスを直接指定するという前提でソケットの仕組みを紹介してきました。インターネットにおける識別子はIPアドレスであり、インターネットでの通信はIPパケットのヘッダに記載されたIPアドレスをもとに行われます。

　しかし、数値の羅列であるIPアドレスは人間にとってわかりにくく、覚えにくいものです。そのため、「www.example.com」などの「名前」を使ってインターネットに接続された機器を表現しています。

　このような「名前」を、IPパケットのヘッダに直接指定することはできません。IPパケットのヘッダに記載される送信元IPアドレスと宛先IPアドレスは、「名前」ではなくIPアドレスでなければならないのです。そのため、「名前解決」と呼ばれる、名前をIPアドレスに変換する作業が行われています（**図5.1**）。

図5.1 名前解決

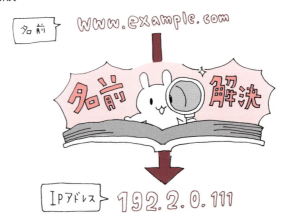

　名前解決は、インターネット初期から行われていましたが、その当時はコンピュータが数も多くなかったので、IPアドレスと「名前」を対応させて羅列した「HOSTS.TXT」という1つのファイルに、「名前」とそれに対応するIPアドレス

5.1 名前解決とは何か？

を記載したうえで、それが一個所で中央管理されていました。中央管理された「HOSTS.TXT」というファイルをみんながダウンロードして使っていたのです。

しかし、インターネットの普及とともに、そのような管理を行うことが難しくなっていきました。インターネットに接続される機器が急激に増えていったため、次から次へと新しい機器がインターネットに接続されるようになり、中央管理された「HOSTS.TXT」を、みんながダウンロードするような方法は破綻したのです。利用者が「HOSTS.TXT」への設定を要求してから実際に設定されるまで時間がかかるようになりましたし、内容が無事変更されたとしても、みんなが各自の手もとにあるものを最新のものへとダウンロードしてくれないと有効にならないという問題もありました。

そういった背景もあり、「HOSTS.TXT」という1つのファイルによる中央管理の代わりに、「名前」に階層構造を導入した「ドメイン名」と、それを実現するために開発されたDNS（Domain Name System）という仕組みが使われるようになりました[注1]。

「名前解決」を実現する機能を担っているDNSは、いまやインターネットの根幹を成す仕組みの1つになっています。

インターネットを利用するほとんどの通信は、通信を開始するときに、直接IPアドレスを指定せずに「名前」を利用して通信相手を指定します。まず名前解決が行われたうえで、その結果として得られたIPアドレスを利用して通信が行われるのです。そのため、名前解決ができなければ通信そのものができないといっても過言ではありません。名前解決ができなければ、通信相手のIPアドレスを得られないので、通信が開始されないのです。いまや世界中のいたるところでインターネットの利用制限がかけられるようになっていますが、それを実現する手法の多くがDNSでの名前解決を阻害することで検閲を行っている

注1) 今ではHOSTS.TXTの中央管理は行われていませんが、各自が使うシステム内で名前とIPアドレスの対応を手動設定するファイルとDNSの両方が使われることも多いです。名前とIPアドレスの対応を手動設定するファイルとしては、/etc/hosts（BSD系やLinux）、/private/etc/hosts（macOS X）、C:¥Windows¥System32¥drivers¥etc¥hosts（Windows）などがあります。

ことからも、DNSが通信そのものを左右する非常に重要な仕組みであることがわかります。

5.2 DNSの仕組み

パソコンなどの設定を多少したことがある人なら、「DNS」という単語を聞いたことがあると思いますが、多くの方々にとっては「DNS」と言われると、DNS全体の仕組みではなく、最寄りのキャッシュDNSサーバを指します。

たとえば、パソコンやスマホで「DNSの設定」は、その機器が利用するキャッシュDNSサーバのIPアドレスを指定するためのものです。キャッシュDNSサーバは、ユーザのために名前解決を行ってくれるサーバです。パソコンやスマホにキャッシュDNSサーバのIPアドレスを設定することは、「このキャッシュDNSサーバに名前解決を依頼してね」と指定しているわけです。

図5.2 ユーザにとってのDNS

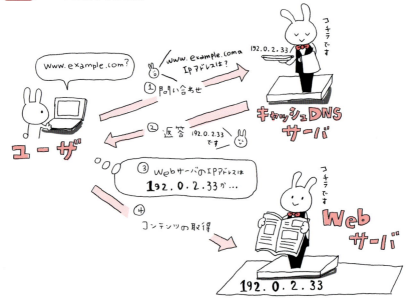

一般的なユーザがWebを見るとき、**図5.2**のようにユーザのコンピュータが、入力されたドメイン名の名前解決をキャッシュDNSサーバに依頼し、返ってきたIPアドレスを使ってWebサーバとの通信を行っています。このように説明すると、キャッシュDNSサーバは「いろいろ知っているすごいサーバ」のように思えてしまいますが、実際はそうではありません。キャッシュDNSサーバが、インターネットにつながれたすべての機器に紐づいている「名前」を全部把握しているわけではないのです。

　実際に「名前」に対応するIPアドレスの情報を持っているDNSサーバは、「権威DNSサーバ」と呼ばれています。その名のとおり、自分が管理している名前空間の「権威」を持っているDNSサーバです。キャッシュDNSサーバはユーザに代わって権威DNSサーバへの問い合わせを行っているだけなのです。

　さて、ここまで「キャッシュDNSサーバ」と表現してきましたが、「キャッシュ」とはなんでしょうか？　「キャッシュ（cache）」という英単語は、「貯蔵所」や「貯蔵物」という意味があります。コンピュータの世界で使う「キャッシュ」という表現は、一度読み込んだものを一時的に記憶しておいて再度同じものを要求されたときにそれを高速に返すことができるようにする仕組みという意味を持ちます。キャッシュDNSサーバは、ユーザからの名前解決の問い合わせに対応するキャッシュを持っている場合には、そのキャッシュを返し、持っていなければ権威DNSサーバに問い合わせているのです。

5.3　キャッシュDNSサーバによる反復検索

　次は、キャッシュDNSサーバがどうやって名前解決を行っているのかを見ていきます。ユーザがアクセスしたい相手のドメイン名が「www.example.com」だとしましょう。先にも述べたように、キャッシュDNSサーバは以前の問い合わせ結果を可能な範囲で保存しています。キャッシュDNSサーバがキャッシュを持っていればユーザに対してそれをそのまま返し、持っていない

第 5 章　DNSと「名前」

場合は権威DNSサーバに対する問い合わせを行います。

図5.3では、キャッシュDNSサーバがキャッシュをいっさい持っていない場合を考えましょう。

図5.3　www.example.comの名前解決

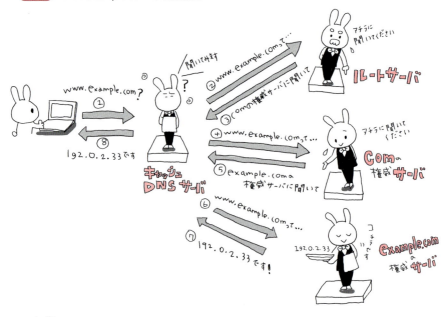

まず、

① ユーザの手もとからキャッシュDNSサーバに対する問い合わせが行われます。このとき、キャッシュDNSサーバはwww.example.comに関連するいっさいのキャッシュを保持していないとします。

② キャッシュDNSサーバは、まず、ルートサーバと呼ばれるDNSサーバに「www.example.comのIPアドレスを教えて！」と問い合わせます。ルートサーバは、com、net、jpなどのトップレベルドメインの権威DNSサーバに関する情報を持っています。

③ www.example.comの名前解決問い合わせを受け取ったルートサーバは、

5.3 キャッシュDNSサーバによる反復検索

「comの権威DNSサーバに聞いて！」と応えます。

④ ルートサーバからcomの権威DNSサーバのIPアドレスを教えてもらったキャッシュDNSサーバは、あらためてcomの権威DNSサーバに「www.example.comのIPアドレスを教えて！」と問い合わせます。

⑤ するとcomの権威DNSサーバは、「example.comの権威DNSサーバに聞いて！」と応えます。

⑥ そこでキャッシュDNSサーバは、今度はexample.comの権威DNSサーバに「www.example.comのIPアドレスを教えて！」と問い合わせます。

⑦ するとexample.comの権威DNSサーバは、www.example.comに対応するIPアドレスを返してくれます。

⑧ 最終的にwww.example.comのIPアドレスを得たキャッシュDNSサーバは、ユーザの手もとにあるDNSクライアントにその結果を通知します。

このように、キャッシュDNSサーバは、最初から「www.example.com」の情報を知っている権威DNSサーバを知っているわけではなく、最終的な結果を得るために繰り返しさまざまな権威DNSサーバに問い合わせを行います。

DNSでの、この検索方法を「反復検索」といいます。キャッシュDNSサーバにキャッシュがない場合には、反復検索によって裏でさまざまな問い合わせが発生するので、応答に時間がかかります。逆に、キャッシュDNSサーバにキャッシュが保持された状態では名前解決が早くなります。

Webを見るとき、最初の1回だけが妙に時間がかかって次からは早くなることがありますが、DNSを利用した名前解決にかかる時間も、その一因です。反復検索の特徴として「各権威DNSサーバが自分が把握すべき範囲と、管理を任せた先を知っている」という点が挙げられます。すべての情報を誰か1人が知っているのではなく、各自が分担して自分の責任範囲を定義し、知っている範囲内で次を教える仕組みです。

このように、特定箇所に負荷が集中することを避け、分散管理ができることを目指した仕組みであるからこそ、世界規模のネットワークになり得たとも言

第 **5** 章　DNSと「名前」

えます。

5.4　ルートサーバ

　反復検索の説明で「ルートサーバ」という単語が登場しました。英語では、root serversと書きます。直訳すると「根っこサーバ」ですが、その名のとおり、ルートサーバは名前解決の「根っこ」です。

　インターネットが発明された米国の住所表記は、日本とは違い、後ろから前に向かって住所が詳細になっていきます。日本では、○○県××市△町999番地のように書きますが、米国では999 ○○Street, Miami, Florida, USAのような感じになります。

　米国では、住所を表記する際に、より広い範囲を示す地名を後ろに持ってくるのが自然であることが、インターネットの名前空間においても反映されています。インターネットで利用される名前は、「.（ドット）」という文字で区切られますが、後ろにある文字列の方が広い範囲を示すのです。

　もっとも後ろにある文字列は、トップレベルドメインと呼ばれています。たとえば、日本を示す「.jp」や、世界中で広く一般的に使われている「.com」「.net」「.org」などもトップレベルドメインです[2]。

　そういったトップレベルドメインすべての権威DNSサーバの情報を管理しているのがルートサーバなのです。インターネットの名前に関する「根っこ」であり、名前に関する問い合わせが開始されるスタート地点でもあるのです[3]。

　かつては「13台」と台数で数えられていたDNSルートサーバは、現在はIPエニーキャストによる「13系統」のDNSルートサーバとして運営されていま

注2)　.comは米国の企業（当時は商用は許可されませんでした）、.netは（米国のネットワーク）、.orgは米国の団体のために作られたトップレベルドメインですが、現在では誰でも登録できます。

注3)　キャッシュを保持していない場合。

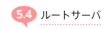

5.4 ルートサーバ

す[注4]。IPエニーキャストを簡単に説明すると「まったく同じIPアドレスを持つ機器をインターネット上に複数存在させたうえで、経路を調整することでユーザが最寄りの機器へ到達できるようにする」ものです。

これを聞いて、「え？ IPアドレスって機器ごとに一意な値が使われるのではないのか？」と意外に思う方もいるでしょう。同じIPアドレスであっても、世界中のルータに設定される「実体」の場所を指す経路を調整することで、複数の機器に割り当てることができます。これがIPエニーキャストです。

一見すると不思議な仕組みですが、各ルータが自律的にルーティングテーブルを持っていることを考えると、実はそんなに不思議な仕組みでもありません。**図5.4**にIPエニーキャストの概要を示します。

図5.4 IPエニーキャスト

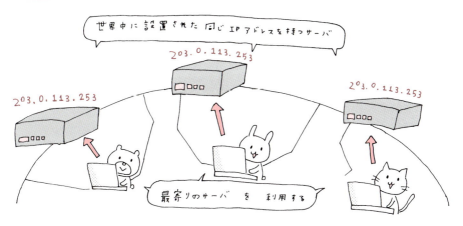

IPエニーキャストにより、DNSルートサーバの実体は世界中に分散されています。

どこか1つの地域でDNSルートサーバの1台が停止してしまったとしても、ほかの地域に障害が波及することはありません。また、攻撃者は自分が接続し

注4) RFC 3258、RFC 4786参照。

第 **5** 章　DNSと「名前」

ているネットワークから最寄りの「実体」へしか攻撃ができなくなります。

13系統のDNSルートサーバには、A〜Mまでの名前が付いています。さらに、それらのアルファベットに「.root-servers.net」を付加した名前が付けられています。

さて、ここでふとした疑問が生じます。

「トップレベルドメインの権威DNSサーバはルートサーバが知っているけど、キャッシュDNSサーバはルートサーバの場所をどうやって知るのだろう？」と。

実は、ルートサーバのIPアドレスは「既知」であることが前提であり、キャッシュDNSサーバなどにルートサーバのIPアドレス一覧が設定されているのです。

本書執筆時点におけるルートサーバのIPアドレス一覧は、**表5.1**のようになっています。

▼**表5.1**　ルートサーバのIPアドレス一覧（2016年10月現在）

ホスト名	IPv4 アドレス	IPv6 アドレス	管理者
a.root-servers.net	198.41.0.4	2001:503:ba3e::2:30	VeriSign, Inc.
b.root-servers.net	192.228.79.201	2001:500:84::b	University of Southern California (ISI)
c.root-servers.net	192.33.4.12	2001:500:2::c	Cogent Communications
d.root-servers.net	199.7.91.13	2001:500:2d::d	University of Maryland
e.root-servers.net	192.203.230.10	2001:500:a8::e	NASA (Ames Research Center)
f.root-servers.net	192.5.5.241	2001:500:2f::f	Internet Systems Consortium, Inc.
g.root-servers.net	192.112.36.4	2001:500:12::d0d	US Department of Defense (NIC)
h.root-servers.net	198.97.190.53	2001:500:1::53	US Army (Research Lab)
i.root-servers.net	192.36.148.17	2001:7fe::53	Netnod
j.root-servers.net	192.58.128.30	2001:503:c27::2:30	VeriSign, Inc.
k.root-servers.net	193.0.14.129	2001:7fd::1	RIPE NCC
l.root-servers.net	199.7.83.42	2001:500:9f::42	ICANN
m.root-servers.net	202.12.27.33	2001:dc3::35	WIDE Project/JPRS

運用上の理由で、ルートサーバのIPアドレスが変更されることもあります。

ルートサーバのIPアドレスが変更されるとき、そのスケジュールが事前に告知されるとともに、世界中のDNS管理者に向けて設定変更が呼びかけられます。

インターネットの運用にかかわる世界中のさまざまな団体が「ルートサーバのIPアドレスが変わるから設定を変更よろしく！」と呼びかけることによって、世界中のDNS管理者が自律分散的に設定更新を促されるのです。ルートサーバのIPアドレス変更に気がつかず、古い設定のままで運用され続けるキャッシュDNSサーバなども残されますが、すべてのルートサーバのIPアドレスが変わっているわけではないので、古い設定のままでも問題に気がつかずになんとなく動作し続けてしまう場合もあるようです。

5.5 リソースレコード

ここまで、DNSで扱かわれる情報として漠然と説明してきてしまいましたが、権威DNSサーバやキャッシュDNSサーバが扱う情報は「リソースレコード（Resource Record）」と呼ばれるものです。

DNSサーバは、リソースレコードを扱うデータベースなのです。

本書では詳細は割愛しますが、**表5.2**のようなリソースレコードがあります[注5]。

▼表5.2 リソースレコードの意味

タイプ	説明
Aレコード	名前に関連するIPv4アドレスを示すリソースレコード
AAAAレコード	名前に関連するIPv6アドレスを示すリソースレコード
MXレコード	メール転送エージェントに関する情報を示すリソースレコード
NSレコード	権威DNSサーバに関する情報を示すリソースレコード
PTRレコード	IPアドレスに対応する名前を示す逆引きに使われるリソースレコード

注5）これらの他にもリソースレコードは存在します。

第 **5** 章　DNSと「名前」

ユーザがDNSサーバに対して問い合わせを行うとき、問い合わせメッセージにはリソースレコードの種類が記載されます。

たとえば、「www.example.com」という名前に対応するIPv4アドレスを調べるときにはAレコードに対する問い合わせが行われます。

5.6 キャッシュの有効時間

話をキャッシュDNSサーバに戻しましょう。多くのユーザが直接接するのはキャッシュDNSサーバです。キャッシュというのは一時的なデータの貯蔵であると先ほど紹介しましたが、キャッシュDNSサーバが保持するキャッシュは、どれだけの期間保持され続けるのでしょうか？

DNSで扱われる情報には、個々の情報ごとに、その情報をキャッシュとして保持し続けてもよい期間であるTTL（Time To Live）という要素があります。DNSで扱われる情報の賞味期限のようなものです。DNSから取得された情報は、そのTTLに記述された秒数の間だけキャッシュを利用し、キャッシュの有効時間に達した情報は破棄されます。

DNSにおけるTTLは、権威DNSサーバを運用している人によって設定されます。世界中のキャッシュDNSサーバでキャッシュされる時間を指定するのは、権威DNSサーバを運用する人なのです。

たとえば、「www.example.com」の情報を扱う権威DNSサーバで、「www.example.com」のIPv4アドレス情報（Aレコード）のTTLが3600であった場合を考えてみましょう。TTLの単位は秒なので、キャッシュDNSサーバが「www.example.com」のIPv4アドレス情報を取得してから1時間はキャッシュとして保持できる設定です。

この例では、ユーザAとユーザBはキャッシュDNSサーバA経由で権威DNSサーバに問い合わせ、ユーザCはキャッシュDNSサーバC経由で権威DNSサーバに問い合わせます。問い合わせが行われるタイミングは、**図5.5**

5.6 キャッシュの有効時間

図5.5 キャッシュDNSサーバでのTTL例

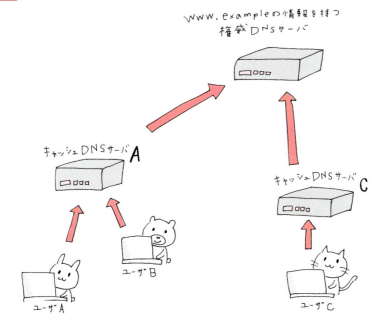

1. ユーザAが9:00にwww.example.comの名前解決を行う
2. ユーザBが9:10にwww.example.comの名前解決を行う
3. ユーザCが9:20にwww.example.comの名前解決を行う
4. ユーザAが9:30にwww.example.comの名前解決を行う
5. ユーザCが9:40にwww.example.comの名前解決を行う
6. ユーザAが10:10にwww.example.comの名前解決を行う

このとき、キャッシュDNSサーバは以下のように動作します。

1. キャッシュDNSサーバAが権威DNSサーバへ問い合わせ。結果をキャッシュしつつ、ユーザAにTTL 3600でIPアドレス情報を返す。
2. キャッシュDNSサーバAがユーザBに対してキャッシュに含まれる情報

第 5 章 DNSと「名前」

を返す。ユーザBに返されるIPアドレス情報のTTLは3000。権威DNSサーバへの問い合わせは行われない。

3. キャッシュDNSサーバCが権威DNSサーバへ問い合わせ。結果をキャッシュしつつ、ユーザCにTTL 3600でIPアドレス情報を返す。

4. キャッシュDNSサーバAがユーザAに対してキャッシュに含まれる情報を返す。ユーザAに返されるIPアドレス情報のTTLは2400。権威DNSサーバへの問い合わせは行われない。

5. キャッシュDNSサーバCがユーザCに対してキャッシュに含まれる情報を返す。ユーザCに返されるIPアドレス情報のTTLは2400。権威DNSサーバへの問い合わせは行われない。

6. キャッシュDNSサーバAが権威DNSサーバへ問い合わせ。結果をキャッシュしつつ、ユーザAにTTL 3600でIPアドレス情報を返す。

このように、キャッシュDNSサーバは自分が保持しているキャッシュの残り時間をTTLとしてユーザに返します。

5.7 ネガティブキャッシュ

DNSのキャッシュには、「ネガティブキャッシュ」というものもあります。「その情報はなかった」という結果がキャッシュされるのです。

Web管理などを行っていると、ネガティブキャッシュの存在を知らないために、停滞に陥る現象があります。いわゆる「新しいドメイン名を登録したぞ！ さっそく確認しよう！ あれ？ まだ見えないなぁ……」という問題を引き起こす、というものです。

5.7 ネガティブキャッシュ

図5.6 あれ？ おかしいなぁー

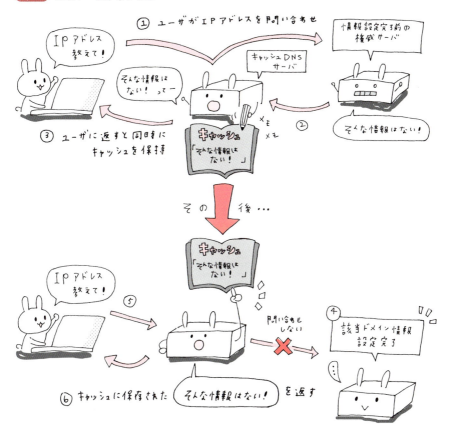

　ありがちなのが、「まだかなまだかな」と思いながら設定がなされる前に、キャッシュDNSサーバを通じて名前解決を行ってしまい、「そんなものはない」というネガティブキャッシュがキャッシュDNSサーバにキャッシュされてしまうことです。ネガティブキャッシュがキャッシュDNSサーバにキャッシュされてしまうと、ネガティブキャッシュのTTL分の時間が経過してそれが消えるまでは「そのキャッシュDNSサーバで該当する名前解決ができない」状態が続きます。

　このように設定がなされる前にキャッシュDNSサーバにネガティブキャッ

シュが入ってしまうのは、確認作業にキャッシュDNSサーバを利用してしまっているためです。このような問題に遭遇しないために、digなどのコマンド[注6]を利用して、キャッシュDNSサーバを利用せずにその名前を管理する権威DNSサーバや委譲元（親）の権威DNSサーバと通信を行って、各設定が反映されていることを確認しましょう。

図5.7 権威DNSサーバに直接問い合わせる

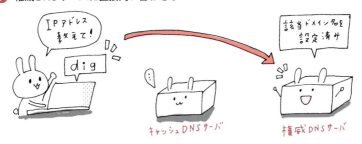

> **コラム** 「SOAレコードとは何か？」
>
> 　権威DNSサーバの設定項目として、SOA (Start Of Authority) というものがあります。ネガティブキャッシュのTTLは、名前解決を試みたドメインのSOAレコードに設定される最後の項目、もしくはSOA自身のTTL、どちらか短い方が使われます（RFC 2308 section 3 or 5参照）。
>
> 　たとえば、新しく自分が管理しているドメイン内に新たなホストを追加する場合には、自分のドメインで設定しているSOAレコードの最後の項目であるネガティブキャッシュTTLが利用されます。まったく新しいドメインを登録した場合は、そのドメインのSOAレコードが存在しないという状況になるので、「そのドメインが存在しない」という結果を返す委譲元（親）ドメインで設定されたSOAレコードの値がTTLとして利用されます。

注6）　digコマンドは第8章で紹介します。

5.8 名前空間とも関連があるインターネットガバナンス

　次の章では、インターネットでの標準化やインターネットガバナンスなどに関して紹介します。この章で紹介したトップレベルドメインにどのような名前を使うのかや、これまでの章で紹介してきたポートやプロトコルなどの番号など、インターネットの決まりごとがどのように行われ、それらがどのように管理されているのかを紹介します。

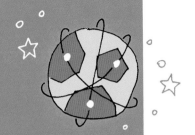

第 **6** 章

chapter6

インターネットの
ガバナンス

第**6**章　インターネットのガバナンス

6.1 誰がルールを決めているのか、ご存じですか？

インターネットの仕組みは、誰がどのように決めているのか？

本書では、これまで「TCPの80番がWebですよ」と書いていますが、世の中のみんなが「80番はWeb」という共通認識を持っているからこそ、TCPの80番で通信を行ってWebの閲覧ができます。世界中のさまざまな組織が個別にインターネットで通信を行う機器を生産できるのも、TCP/IPという仕様を共通認識として共有しているためです。

さらに言うならば、TCPのIPプロトコル番号が6番であることも、みんながそのように共通認識を持っているからこそ通信が可能なのです。このように、みんなが同じ番号対応表を使うからこそ通信が成り立つのです。

プロトコルなどに関する共通認識だけではなく、同じ番号（IPアドレス）や名前（ドメイン名）を複数の組織が別々に使ってしまわないことも大事です。

インターネットでは、IPアドレスを宛先や送信元を示すものとして通信を行いますが、それができるのは、各IPアドレスが一意であるためです。これを実現するためには、複数の人々が同時に同じものを使ってしまわないような管理が非常に大事なのです。複数の人々が同時に同じものを使ってしまわないような管理が非常に大事なのです。インターネットにおける共通認識を維持するために、IANA（Internet Assigned Numbers Authority）、ICANN（Internet Corporation for Assigned Names and Numbers）、IETF（Internet Engineering Task Force）などの組織があります。

この章では、インターネットにおける番号や名前などの資源の管理がどのように行われているのかや、インターネットで通信を行うときのプロトコルなどがどのように決められているのかを紹介します。

6.2 インターネットの通信プロトコルを作るIETF

　インターネットは、誰もが無料でその通信プロトコルを知ることができます。プロトコルについての文書をコピーすることもできますし、再配布もできます。インターネットを利用した通信を行うためのTCP/IPの仕様が公開され、世界中の共通認識となっています。

　さらに、その文書に基づいて、誰の許可を得ることもなく自分で機器やソフトウェアを実装することができます。TCP/IPを利用する通信機器を世界の誰が作っても良いのです。仕様が公開されていることが当たり前のように思えるかもしれませんが、実は、それはすごいことなのです。世界はオープンでないプロトコルで溢れています。何だかよくわからない形で通信をしている機器はいろいろあります。通信形態がよくわからない機器と相互接続できる装置をまったくの第三者が作るのは困難です。

　話は通信プロトコルに限りません。データのフォーマットにも目を向けると、やはりクローズドなものがたくさんあります。日々接している映像や音声のフォーマットは、クローズドなもので溢れています。

　よくあるビデオカメラのテープの中に保存されている動画のフォーマットを知るには、コンソーシアム[注1]に法人として加入し、仕様が記載された資料を購入する必要がある場合もあります。特定の企業のクローズドなフォーマットでしか再生できないような映像／音声のプレイヤーさえあります。そのような世界では、個人が趣味で情報を調べることができないだけでなく、企業などで対応する製品を作ることも簡単ではありません。仕様を公開しないことによってある特定のマーケットを独占することもできるのです。

注1) コンソーシアムとは、共通の目的を持つ複数の組織が共同で組織を作ったものです。ここで紹介している「コンソーシアム」は、複数の企業が保有する特許を管理するために設立される場合などを意識しています。標準化以外でもコンソーシアムはあります。

第 **6** 章　インターネットのガバナンス

6.3　**IETFによる標準化とは何か？**

　TCP/IPに関連する仕様は、IETFという組織で作られています。IETFで作られた文書はRFC（Request For Comments）という形で公開されています。インターネット上の通信仕様を記載した文章がRFCであり、RFCを作る場所がIETFなのです。

　IETFの存在は、インターネット全体にとって非常に大きな意味を持っています。インターネットが運用的にも文化的にも今の形のインターネットになったのは、このIETFという組織の存在が非常に大きいと言えます。

　IETFは、国際規格を標準化しているという点では、ITUやISOといった標準化団体の一種だと考えられます。しかし、ITU（International Telecommunication Union：国際電気通信連合）やISO（International Organization for Standardization：国際標準化機構）とは大きく違う特徴を持っています。

　ITUやISOによる標準化は、de jure standard（デジュールスタンダード、de jureはラテン語で「法律上の」という意味を持つ）と呼ばれます。これは、国家や企業を代表する決められた人々があらかじめ標準を作ってから、多くの人々がそれに従うという、トップダウンな手法です。

　一方、IETFの標準化は、先に市場でいろいろな技術が登場し、それがde facto standard（デファクトスタンダード、de factoは「事実上の」という意味を持つ）として認められるというものです。最初に標準ありきではない点が、de jure standardと大きく異なります[注2]。

　今のインターネットで使われている中心的な通信プロトコルはTCP/IPですが、これもde facto standardの結果です。

　1980年代から1990年中盤ぐらいまでは、XNS（Xerox Network Services）、

注2)　とはいえ、IETFにおけるRFCの策定作業を待っているように見えるプロトコルもあるので、IETFが完全に純粋なde facto standardの場と言えるかどうかは昨今では微妙です。

6.3 IETFによる標準化とは何か？

DECnet、OSI（Open Systems Interconnection）、IPX（Internetwork Packet eXchange）といった別の通信プロトコルもありました。たとえば、RFCの中にはIPXに関連するものもいくつかあります。しかし、最終的にTCP/IPが競り勝って、今のインターネットがあります。

IETFで策定される文書名であるRFCは、Request For Commentsの頭文字をとったもので、和訳すると「意見を求む」となります。ここからもインターネットの歴史と文化を垣間見ることができます。

インターネットを構成する技術は、当初は米国国防総省のARPA/DARPAが資金援助を行うことによって開発されました。そのため、そこで行われた研究による成果をそのまま公開することは困難でした。

そこで、研究を行っていた研究者たちは、研究成果を公開しているのではなく「研究の質を高めるためのコメント募集」という意味で「RFC」という名前の文書を公開しました。実際、公開することでフィードバックが得られ、研究の質は高まりました。そのうち、そのフィードバックを活かしつつ、改善された仕様を策定し、新たなRFCが発行されるという流れが定着しました。

RFCとして公開された文書は、さまざまな現場で実際に運用されることによるフィードバックを受けて改良されることがあります。標準化プロセスにおける議論中に見落としていたり、新しい技術が登場したり、技術や運用のトレンドが時代とともに変わったりすることがありますが、それらのフィードバックは任意のIETF参加者によって行われ、新しいRFC策定作業へと発展します。そして最終的に、「古いRFCを上書きする」という形で、「インターネットの仕様」が新しくなっていきます。

第**6**章 インターネットのガバナンス

6.4 RFCには何が書かれているのか？

　RFCにはいくつかのタイプがあります。一口にRFCと言っても、インターネットを運用するうえで有用であるとされるさまざまな情報が扱われているのです。たとえば、インターネット上での機器の運用方法に関する指針は、標準を決めるという性格の情報ではありませんが、ネットワーク同士がインターネットとして相互接続を安定的に継続し続けるために重要な情報です。さらに、インターネットコミュニティが形成されていった過去の経緯など、インターネットコミュニティにとって有益と思える情報を記したものもあります。中には、インターネットの運用上、何の役に立たないものもあります。4月1日に発行されるJoke RFC[注3]は、エイプリルフールRFCとも呼ばれています。このRFCには、技術的な背景を持ちつつ、どこかしら愛せるアホらしさが求められます。Joke RFCに何か利点があるとすれば、世界中の技術者に一瞬だけ心のオアシスを提供するぐらいだろうと思います。冗談までもが「標準」と並列して扱われる標準化団体はIETFぐらいのものでしょう。

　プロトコルとしての標準化を目指すRFCは、Standards Trackと呼ばれます。Standards Track以外の分類となっているRFCとしては、以下のようなものがあります。

- Informational：参考情報として公開されている文書
- Experimental：実験的な試みとしての手法などが公開されている文書
- Historic：歴史的経緯を知る目的で公開されている。この分類のRFCを実際に使うことは推奨されていない
- Best Current Practice：「その時点における最良の方法」を示す文書。運

注3) 4月1日に発行されるJoke RFCは、Informational RFCに分類されます。有名なものとしては、1990年4月1日に発行されたRFC 1149 "A Standard for the Transmission of IP Datagrams on Avian Carriers"（鳥類キャリアによるIP、一般的には「IP over 伝書鳩」として知られている）などが挙げられます。

用方法、活用方法、心得（原則）などプロトコルそのものではないが重要と思われる事柄が示されている

本書執筆中にも、新しいRFCが次々と作られています。インターネットに関連する仕様は、いまもなお作られ続け、変わり続けているのです。

> **コラム column** 「IEEEの役割とは」
>
> インターネットでの通信を実現するためのプロトコルを策定している組織はIETFだけではありません。TCP/IPに関連するプロトコルは基本的にIETFで標準化されますが、リンク層などで使われるプロトコルはIEEE（The Institute of Electrical and Electronics Engineers）という組織でも標準化されています。
>
> 身近なものでは無線LANやイーサネットがIEEEで標準化されています。IEEEは、アドレスの管理も行っています。無線LANやイーサネットなどのネットワークインターフェースカードには、それぞれ「MACアドレス」と呼ばれる6オクテットのアドレスがついています（EUI-48）。MACアドレスは、各ネットワークインターフェースカードごとに世界で一意となるような値が設定されるようにIEEEが管理しています。
>
> IEEE上位24ビット（3オクテット）がOUI（Organizationally Unique Identifier）と呼ばれる製造者識別子を表します。
>
> OUIは、製造者がIEEEに1650米ドルを支払って登録するものであり、一意性が確保されています。EUI-48アドレスの下位24ビットは、各製造者が独自に割り当てられる機器識別子です。

第 **6** 章　インターネットのガバナンス

| 6.5 | 番号や名前などの資源を管理する IANA |

　仕様だけではなく、番号や名前などの「資源」に関する共通認識も非常に重要です。共通認識を維持したり、特定の番号が複数の異なる組織で重複して利用してしまわないような機能がインターネットにはあるのです。

　インターネットで利用される番号や名前を統一的に管理しているのがIANA（Internet Assigned Numbers Authority）です。

　IANAの名称を日本語に直訳すると、「インターネットにおいて割り当てられる番号に関する権威」のようになります。

　IANAが管理しているのは、ドメイン名、番号資源、プロトコルパラメータの3つです[注4]。ドメイン名としては、ルートサーバに登録される情報の管理、いくつかの特殊用途トップレベルドメイン、いくつかの特殊用途ドメイン名（example.comやexample.netなど）などです。番号資源としては、IPv4アドレスとIPv6アドレスの割り振り、AS番号の割り振りを行っています。プロトコルパラメータとは、各種プロトコル内で利用されている番号や文字列の管理です。

　もともとの、IANAは組織というよりも、ジョン・ポステル氏が行っている活動でした。しかし、インターネットが急速に拡大するとともに、番号などのインターネット資源をどのように管理すべきかの議論が行われるようになりました。

　その後、1998年にICANNという米国に本拠地を持つ非営利法人が設立され、2002年にIANAの果たしている「機能」をICANNが引き継ぐことになりました。2016年9月30日までは、ICANNという組織がIANAの機能を管理するように、米国商務省電気通信情報局（NTIA/National Telecommunications and Information Administration）と契約を交わしています[注5]。

注4)　DNSSECのルート鍵署名鍵（Root Key Signing Key）も管理していますが、本書では割愛します。

注5)　本書の校正段階でIANA監督権限移管が行われました。出版前に修正できてよかったです。

136

6.6 IPアドレスやAS番号の割り振り

AS番号やIPアドレスは、IANAを頂点とする**図6.1**のような階層構造で管理されています。

図6.1 IANAを頂点とする階層構造

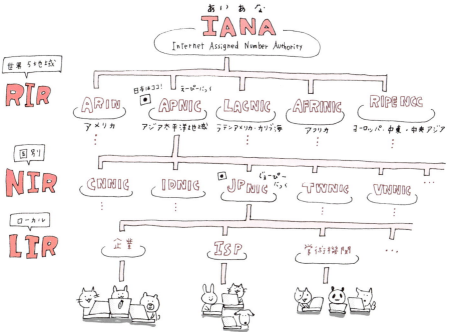

IANAは、すべてのAS番号やIPアドレスを管理していますが、IANAが自ら直接ユーザに割り当てる業務はしません。IANAが管理するAS番号やIPアドレスは、まず世界5地域を代表するRIR（Regional Internet Registry：地域インターネットレジストリ）へと割り振られます（**図6.2**）。

第 6 章　インターネットのガバナンス

図6.2　世界5地域のRIR

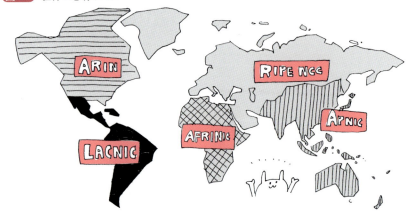

- AFRINIC（アフリカ）
- APNIC（アジア太平洋地域）
- ARIN（北米地域）
- LACNIC（ラテンアメリカおよびカリブ海地域）
- RIPE NCC（ヨーロッパ、中東、中央アジア）

　RIRは、国などのより細かい地域を受け持つNIR（National Internet Registry：国別インターネットレジストリ）やLIR（Local Internet Registry：ローカルインターネットレジストリ）の要求に応じて、IANAから受け取った番号を割り振ります[注6]。

　ユーザからの要求に従って番号の割り当てを行うのがNIRやLIRです。RIRが直接ユーザに番号を割り当てるケースもあります[注7]。

　このように階層的にIPアドレスを管理することで、複数の異なる組織が同時にまったく同じIPアドレスを「自分が使うためのもの」としてしまうことを避けるような仕組みになっています。国や地域によって多少制度が異なる部分

注6)　日本にはNIRが存在していますが、NIRが存在するのはアジア太平洋地域の一部だけです。NIRがない国の方が多いです。
注7)　TLDの権威DNSサーバなど重要な資源に対しては、RIRが直接ユーザに番号を割り当てるケースもあります。

6.6 IPアドレスやAS番号の割り振り

がありますが、インターネットのアドレスや番号を利用するには、RIRやNIRにお金を払い続ける必要があります。誰でも無制限に番号を資源を使えるわけではなく、申請と登録が必要なのです。

注意が必要なのは、IPアドレスやAS番号を購入する代金ではなく、割り当て業務を支える維持料であるという点です。たとえば、日本国内でJPNICからIPアドレス割り振りを受けるのであれば、JPNICの指定事業者になる必要があります。指定事業者がJPNICに支払う維持料は、AS番号の契約数やIPアドレスサイズによって変動します。一般ユーザが日々使っているIPアドレスを利用するために、ISPなどはお金を払っています。

> **コラム** 「割り振り」と「割り当て」
>
> IPアドレスに関して語られるとき、「割り振り」と「割り当て」という単語が使われることがあります。それらは、非常に似ているように見えますが、明確な意図を持って使い分けられています。
>
> この使い分けは、日本で特別に行われているわけではなく、外国での表現がもとになっています。Allocationが「割り振り」で、Assignmentが「割り当て」です。「割り振り」は、ある特定の範囲を特定の組織に対して「割り振り」ます。「割り当て」は、「割り振り」を受けた組織が、ある特定のIPアドレスを「割り当て」ます。
>
> 日本では、IPアドレス分配の階層構造は、IANA→APNIC→JPNIC→IPアドレス指定管理事業者→ユーザとなっていますが、その中での「割り振り」と「割り当て」は**図6.A**のようになります。
>
> IANA、APNIC、JPNICによる分配が「割り振り」、IPアドレス指定管理事業者による分配が「割り当て」となっており、最終段階だけが「割り当て」です。IPアドレス指定管理事業者が自分の組織内にあるネットワークにIPアドレスを使う場合にも「割り当て」となります。
>
> **図6.A** 「割り振り」と「割り当て」
>
>

第 **6** 章　インターネットのガバナンス

6.7 インターネットのプロトコルを作る IETF と番号資源を管理する IANA

　IANAは、TCPとUDPで使われるポート番号の管理なども行っています[注8]。番号資源だけではなく、文字列などによるコード（code）もIANAで管理されています。たとえば、Webなどで利用されるMIME TypeもIANAで管理されています[注9]。

　PNGというフォーマットの画像を示す「image/png」という文字列に対する世界中での共通認識があるからこそ、Webサーバが示す「image/png」というMIME TypeがPNG画像であるとブラウザがわかるのです。

　IANAが管理している番号やコードの仕様は、IETFで決められています。IETFでRFCが作られ、そこに含まれる番号やコードに関する情報がIANAで管理されるのです[注10]。

6.8 ルートゾーンと IANA と ICANN

　日本の国別コードトップレベルドメイン（country code Top Level Domain）であるjpや、多くの企業が利用しているcomなどのgTLD（generic Top Level Domain）の権威DNSサーバなどの情報がルートサーバによって提供されています。ルートサーバが提供する情報は、ルートゾーンに登録されています。

　先ほどのDNSに関する説明では、「13系統のルートサーバ」が紹介しましたが、それら13系統すべての中身が単一のルートゾーンです。1つの情報を13

注8)　http://www.iana.org/assignments/service-names-port-numbers/service-names-port-numbers.xhtml

注9)　http://www.iana.org/assignments/media-types/media-types.xhtml

注10)　IETFでRFCを作る際にIANAに管理を依頼するためのガイドラインがRFC 5226「Guidelines for Writing an IANA Considerations Section in RFCs」http://tools.ietf.org/html/rfc5226 としてまとめられています。興味のある方は、ぜひご覧ください。

6.8 ルートゾーンとIANAとICANN

系統に分散して運用している形です。ルートゾーンにどのようなトップレベルドメインを登録するのかに関して管理しているのがICANNという米国の民間非営利法人です。

1998年から2016年9月30日まで、ルートゾーンの管理契約とルートゾーンに何を掲載するかを決定するIANA（Internet Assigned Numbers Authority）機能は、それぞれ米国商務省が契約することになっていました。ルートゾーン管理契約はVerisign社[注11]、IANA契約はICANNと、それぞれ取り交わされています。

インターネットは常に変化し続けているので、ルートゾーンに記載される内容が変わることもあります。トップレベルドメインが新たに追加されたり、トップレベルドメインが削除されたり、既存のトップレベルドメインに関連する情報が変更されるときなどです。

たとえば、あるトップレベルドメインの権威DNSサーバに関する情報が変わる場合を考えてみましょう。ルートゾーンに記載する情報を変更が必要になったトップレベルドメイン運用組織は、IANAに更新申請を行います。IANAは、トップレベルドメイン運用組織からの申請を審査します。IANAの審査を通過した申請は、米国政府（米国商務省/NTIA）に渡されます。米国政府がルートゾーン更新に関する承認権限を持っていたので、ルートゾーン更新の前に米国政府による承認が必要でした。米国政府によって承認された申請は、ベリサイン社に渡され、ベリサイン社がルートゾーンを更新します。更新されたルートゾーンは、13系統のルートサーバに反映されます（**図6.3**）。

注11) 「ベリサイン」という社名を聞くと、SSL証明書を連想される方々も多いと思いますが、2010年にセキュリティ事業などがシマンテック社に売却されており、ルートゾーン管理契約を結んでいるベリサイン社はSSL証明書を取り扱っていません。

第 6 章 インターネットのガバナンス

図6.3 ルートゾーンの更新

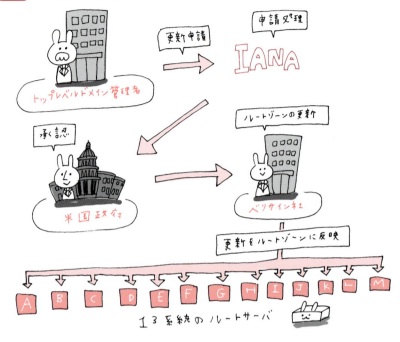

　ルートゾーンの更新は、このようなプロセスで行われていました[注12]。

　ルートゾーンが単一であることで、インターネットにおける「名前」の空間が統一管理されています。

6.9 レジストリ／レジストラ

　ルートゾーンを管理しているのがIANAであるため、インターネットでの名前は、IANAを頂点とするモデルによって運営されています。しかし、IPアド

注12) 2016年10月1日からは、米国政府ではなく、「マルチステークホルダー体制」に基づく「グローバルなインターネットコミュニティ」がインターネットの監督を担っていくことになります。

レスとAS番号と同様に、IANAはドメイン名に関して個別のユーザとのやりとりを行いません。

個別のトップレベルドメイン名に関する権限は、IANAからトップレベルドメインのレジストリへと移譲されています[注13]。

各トップレベルドメイン管理者は、それぞれの方法で運用を行います。.com、.net、.jpなど、一般ユーザなどに対してドメイン名登録を解放しているトップレベルドメインもあります。トップレベルドメイン管理者は、ドメイン名に関連する登録者情報のデータベースであるドメイン名レジストリを管理します。ドメイン名レジストリを管理する組織は、レジストリと呼ばれています。

昔は、一般ユーザがドメイン名の登録をする場合には、レジストリに対して直接登録依頼を行っていましたが、ユーザからの要求を受けて仲介を行うレジストラが登場しました。トップレベルドメインによっては今でもドメイン名レジストリを管理する組織が直接ユーザに対してドメイン名登録管理業務のやりとりを行うものもありますが、com、net、jpなどのトップレベルドメインではレジストラを通じてドメイン名の登録を行っています（**図6.4**）。

図6.4 レジストリ／レジストラ

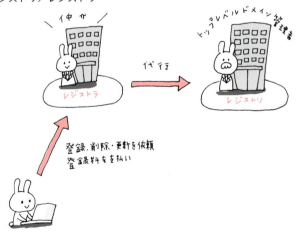

注13）example.com、.int、.arpaなど、一部のドメイン名はIANAが直接管理しています。

第 **6** 章　インターネットのガバナンス

　日本の.jpのレジストリは株式会社日本レジストリサービス（JPRS）が行っています。昔は日本のネットワークインフォメーションセンター（Network Information Center）であるJPNICが、IPアドレスやAS番号の登録管理とともにJPドメイン名の登録管理業務を行っていましたが、2002年にJPNICからJPRSへのJPドメイン名登録管理業務が移管されました。

　レジストリ／レジストラとカタカナで書かれていると見逃しがちですが、英単語としてのレジストリ（registry）は「登記簿」という意味を持ち、レジストラは「登録人」という意味を持ちます。レジストラのWebサイトを見ると「独自ドメインを取得しましょう！」と書かれていることもありますが、「ドメイン名はあくまで登録であって取得するものではありません」という思想で言葉を選んで書いている場合もあります。一見ちょっとした言葉の違いのようにも見えますが、「その文字列は誰のもの？」という視点で見ると、いろいろと面白いかもしれません。

6.10　ccTLDのレジストリ

　トップレベルドメインにはいくつかの種類がありますが、2文字の国別コードによる国別トップレベルドメイン（country code Top Level Domain）を取り巻く状況は非常にややこしいです。

　現在のIANA機能を管理しているICANNが設立されたのは1998年です。しかし、多くのccTLDはICANNが設立される前から運用されて、ICANNとccTLDの間には明確な「契約」や「覚書」が交わされていないものが数多く存在しています[注14]。

　ICANNのスポンサーとして、ICANNと契約してお金を払うモデルで運用されているのが、日本の.jpを含めた、.jp、.ke、.ky、.pw、.sd、.tw、.uz、.auの

注14）参考 ICANN ccTLD Agreements http://www.icann.org/en/about/agreements/cctlds

8つのccTLDです（2016年10月現在）。契約形態が若干異なる.euもスポンサー契約に近い内容です。これらの9つのccTLDがICANNにお金を払っています。

　非常に多いのが、単に互いに手紙を送り合う「Exchange of Letters」か、互いに何を運用するのかという責任範囲を簡易に示した文書を作成する「Accountability Framework」です。契約するモデルはさまざまな理由によりなかなか進まず、より簡便な（関係を構築しやすい）形として、ICANN ccNSO（country code Names Supporting Organisation：ccTLDに関するグローバルポリシーを策定し、ICANN理事会への勧告を行う支持組織）で議論され、これらのモデルが作られました。通常の契約とは異なり、たとえば2ページ程度の非常に軽装な2者間契約の形をとるものがAccountability Framework、自組織の役割などを書いた宣言文書を作成して交換する形をとるものがExchange of Lettersです。また、「Exchange of Letters」よりも一歩踏み込んで、ICANNとccTLDとの間で、覚書を交わすという「Memorandum of Understanding」の方式になっているccTLDが7個あります。

　その他、ICANNとの間で何も正式な契約や覚書などの文書を交わしていないccTLDも数多くあります。これらのccTLDとICANNとの間の関係については、ICP-1と呼ばれる文書が参照されることになっています[注15]。ICP-1は、何かの決まりを規定したものではなく、1999年時点までのcurrent practices（慣行）をまとめただけのものなので、要は「1999年以前と同じようにccTLDの管理を委任する」ということになります。

　このように、ICANNとccTLDの関係はさまざまであり、非常にややこしいのです。

注15) ICP-1: Internet Domain Name System Structure and Delegation (ccTLD Administration and Delegation) http://www.icann.org/en/resources/cctlds/delegation.

第 **6** 章 インターネットのガバナンス

6.11 次はプログラミングです

　インターネットガバナンスは「インターネットのありかた」に大きな影響を与える可能性があるため、関係者によりさまざまな場所でさまざまな議論が行われています。各国が自分にとって都合が良いようにインターネットそのものを変更したいという思惑が見え隠れする議論もあります。実は、いまあるインターネットのありかたが、今後も同じようである保証はどこにもないのです。

　しかし、インターネットガバナンスに関連する話題は、多くの人がまったく興味を示さない分野とも言えます。一般ユーザがインターネットを使ううえで直接関係なかったり、よくわからないというのが大きな理由だろうと思います。

　かなり強引に話題をつなげてしまいますが、そういう視点でソケットプログラミングも似たようなところがありそうです。今や直接は使わないことが多いけど、知っておくとためになることもあるというものです。ということで、次はC言語によるソケットプログラミングを紹介します。

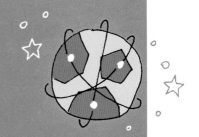

第 **7** 章

chapter 7

ネットワークプログラムを書いてみよう！

第 **7** 章　ネットワークプログラムを書いてみよう！

7.1　C言語でネットワークプログラミング

　話をソケットに戻しましょう。「ソケットを使って手を動かしてみる」ことも重要です。ここでは、ソケットを利用したC言語でのプログラミングを紹介します。

7.2　C言語を使える環境を用意しよう

　C言語は、ほかのプログラミング言語同様に、まずはプログラミングを行うための環境を整備する必要があります。お店でパソコンを購入するだけでは、プログラミングの第一歩を踏み出せないことも多いのです。

　本書ではC言語を利用したプログラミング環境として、gcc（GNU Compiler Collection）を使います[注1]。macOSでは、AppStoreからXcodeをインストールしたうえで、Command Line Toolsをインストールします。macOSやXcodeのバージョンによって、Command Line Toolsのインストール方法は若干違いますが、El Captainでは XcodeのXcodeメニューから［Open Developer Tool］→［More Developer Tools］を選び、Command Line Toolsをダウンロードしてインストールします。

　Linuxでは、利用しているパッケージ管理システムによってgccのインストール方法が異なりますが、基本的に「パッケージ管理システムコマンド + install + gcc」でインストールできます。

・yumの場合

```
yum install gcc
```

注1）　gcc以外のCコンパイラもあります。

7.3 ソケットを利用したTCPプログラミング例

・aptの場合

```
apt-get install gcc
```

・rpmの場合

```
rpm -ivh gcc
```

　Windowsでは、gccを使えるようになるMinGW[注2]をインストールするのがお勧めです。

　gccがインストールできたら、今度はコンパイルを行います。C言語で書かれたプログラムは「ソースコード」と呼ばれますが、ソースコードそのままでは動作しません。

　ソースコードをコンピュータが実行可能なファイル形式に変換する「コンパイル」という作業が必要なのです。

　gccを使ってコンパイルを行うには、ターミナル（LinuxやmacOS）やコマンドプロンプト（Windows）などで、ソースコードの置いてあるディレクトリ（もしくはフォルダ）へと移動し、「gcc ファイル名.c」というコマンドを実行します。たとえば、ソースコードのファイル名が「test.c」であれば、「gcc test.c」となります[注3]。

7.3 ソケットを利用したTCPプログラミング例

　では、実際のTCPプログラミング例を見ていきましょう。TCP接続が確立時されるとき、「ポート○○につなぎたいです」と言う側と、それに対して「い

[注2) MinGWは、Windowsでgccなどを使えるようにするソフトウェアです。http://www.mingw.org/ からダウンロードできます。MinGWではなく、Cygwin（https://www.cygwin.com/）でgccを使うという方法もあります
[注3) ここで紹介している方法のほかに、必要なソースコードなどをダウンロードしてgccをコンパイルするという方法もありますが、ここではそれらは割愛します。

いですよー」と言う側がいます。「つなぎたい」とSYNパケットを送信する側は「クライアント」、それを受け付ける側は「サーバ」と呼ばれます。

　TCPの接続が確立したあとは、TCPそのものの機能としてはサーバとクライアントに差異はありませんが、TCP接続確立段階で動作が違うので、その部分はプログラムの書き方も違います。ソケットを利用したプログラミングを行うときの、TCPサーバとクライアントの違いを図7.1に示します。

図7.1 TCPのサーバとクライアント

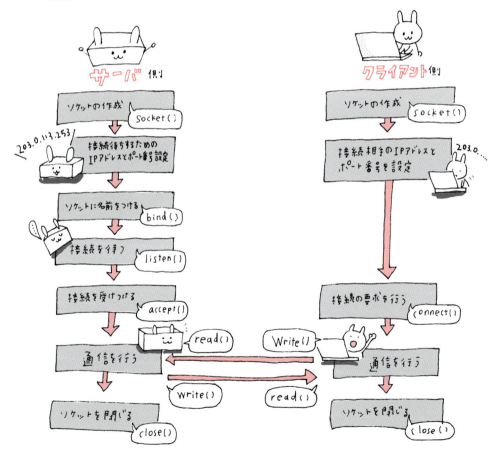

ソケットを利用したTCPプログラミング例

　TCPによる通信プログラムを書く場合、第1引数をAF_INET（IPv6の場合はAF_INET6）、第2引数をSOCK_STREAMにしたsocketシステムコールでソケットを作成します。この部分は、サーバとクライアントで同じです。

　では、まずはクライアント側のプログラムを見てみましょう（**リスト7.1**）。

　このサンプルでは、自分自身を示すIPアドレスである127.0.0.1（localhost）の11111番ポートに対してTCP接続を確立したあとに、サーバからのデータを待ちます。サーバからのデータを受け取ると、標準出力へと受信データを表示して終了します[注4]。

　最初にsocketシステムコールを使って作成したソケットを利用して、**connect**システムコールで通信を行いたい相手とTCP接続を確立します。connectシステムコールの第2引数に接続相手情報を渡すことでTCP接続の相手を指定できます。TCP接続の確立に成功すると、**connect**システムコールは成功しますが、そのソケットに対して読み書きを行うことでサーバとデータのやりとりが可能になります。最後に、使い終わったソケットをcloseシステムコールで閉じて、一通り終了です。

リスト7.1 クライアント側のサンプルプログラム

```
#include <stdio.h>
#include <string.h>
#include <unistd.h>
#include <sys/types.h>
#include <sys/socket.h>
#include <netinet/in.h>
#include <arpa/inet.h>

int
main(void)
{
```

注4）　本稿のCサンプルはmacOSで書いています。Linuxの場合はsocklen_tの部分が異なるので適宜修正して試してください。エラー処理は割愛しています。

第 7 章 ネットワークプログラムを書いてみよう！

```c
struct sockaddr_in server;
int sock;
char buf[32];
int n;

/* ソケットの作成 */
sock = socket(AF_INET, SOCK_STREAM, 0);

/* 接続先指定用構造体の準備 */
server.sin_family = AF_INET;
server.sin_port = htons(11111);
server.sin_len = sizeof(server); /* Linux では不要 */

/* 127.0.0.1 は localhost */
inet_pton(AF_INET, "127.0.0.1", &server.sin_addr);

/* sockaddr_in 構造体の長さを設定 (Linux では不要) */
server.sin_len = sizeof(server);

/* サーバに接続 */
if (connect(sock, (struct sockaddr *)&server, sizeof(server)) != 0) {
    perror("connect");
    return 1;
}

/* サーバからデータを受信 */
memset(buf, 0, sizeof(buf));
n = read(sock, buf, sizeof(buf));

printf("%d, %s\n", n, buf);
```

7.3 ソケットを利用したTCPプログラミング例

```
  /* socketの終了 */
  close(sock);

  return 0;
}
```

　次に、サーバ側を見ていきましょう（**リスト7.2**）。サーバ側は、ポート11111番で2本のTCP接続を受け付けてから終了します。1本目のTCP接続に対してはHELLOと書き込み、2本目にはHOGEと書き込みます。

　サーバ側ではsocketシステムコールを使って作成したソケットに対して、bindシステムコールを使って待ち受け用のIPアドレスとTCPポート番号を設定します。そのあと、listenシステムコールによってTCP SYNを受け付けるようになります。listen実行後に、待ち受けが行われているポート番号でTCP接続が確立されるようになりますが、確立し終わったTCP接続から新たなソケットを生成するのがacceptシステムコールです。サーバアプリケーションは、acceptシステムコールが生成したソケットに対して読み書きを行うことで、クライアントとの通信を行います。

　サーバ側では、closeシステムコールをacceptで生成されたソケットすべてに対して個別に行う必要があります。また、listenを行ったソケットも使い終わったらcloseします。

リスト7.2　サーバ側のサンプルプログラム

```
#include <stdio.h>
#include <unistd.h>
#include <sys/types.h>
#include <sys/socket.h>
#include <netinet/in.h>

int
```

第 **7** 章　ネットワークプログラムを書いてみよう！

```
main(void)
{
 int sock0;
 struct sockaddr_in addr;
 struct sockaddr_in client;
 socklen_t len;
 int sock1, sock2;

 /* ソケットの作成 */
 sock0 = socket(AF_INET, SOCK_STREAM, 0);


 /*** ソケットの設定 ***/

 /* IPv4を利用することを指定 */
 addr.sin_family = AF_INET;

 /* ポート番号は11111 */
 addr.sin_port = htons(11111);

 /* 任意のインターフェースを指定 */
 addr.sin_addr.s_addr = INADDR_ANY;

 /* sockaddr_in構造体のサイズを設定 (Linuxでは不要) */
 addr.sin_len = sizeof(addr);

 /* ソケットをインターフェースとポートに関連付け */
 bind(sock0, (struct sockaddr *)&addr, sizeof(addr));

 /* TCPクライアントからの接続要求を待てる状態にする */
 listen(sock0, 5);
```

154

7.3 ソケットを利用したTCPプログラミング例

```
/* TCPクライアントからの接続要求を受け付ける（1回目）*/
len = sizeof(client);
sock1 = accept(sock0, (struct sockaddr *)&client, &len);

/* 6文字送信('H', 'E', 'L', 'L', 'O', '\0') */
write(sock1, "HELLO", 6);

/* TCPセッション1の終了 */
close(sock1);


/* TCPクライアントからの接続要求を受け付ける（2回目）*/
len = sizeof(client);
sock2 = accept(sock0, (struct sockaddr *)&client, &len);

/* 5文字送信('H', 'O', 'G', 'E', '\0') */
write(sock2, "HOGE", 5);

/* TCPセッション2の終了 */
close(sock2);


/* listen するsocketの終了 */
close(sock0);

return 0;
}
```

第**7**章　ネットワークプログラムを書いてみよう！

　本稿では、TCPサーバ側サンプルで、あえて2本のTCP接続を受け付ける
ように書いてみました。これは、bindしたうえでlistenしている待ち受け用
のソケットと、acceptによって新たに生成された通信を実際に行うためのソ
ケットが違うものであることを理解してもらうためです。このように、サーバ
側は待ち受けしているポート番号に対してTCP接続を行って来るクライアン
トとのTCP接続を次々と確立できるのです。

　このサンプルプログラムを試すには、まずサーバ側のプログラムを実行し、
その後クライアント側のプログラムを実行します。

　gccは、-oオプションをつけることで生成される実行ファイルの名前を指定
できます。サーバ側プログラムは「7-server.c」というファイル名で保存した
うえで、次のコマンドでコンパイルを行い、serverという名前の実行ファイ
ルができあがっているものとします。

```
% gcc -o server 7-server.c
```

　クライアント側プログラムは「7-client.c」というファイル名で保存したう
えで、次のコマンドでコンパイルを行い、clientという名前の実行ファイル
ができあがっているものとします。

```
% gcc -o client 7-client.c
```

　まず先に、サーバ側のプログラムをコンパイルして生成された実行ファイル
があるディレクトリで、次のようなコマンドを実行します。そうすると、サー
バ側のプログラムがTCPでの接続待ち状態になります。

```
% ./server
```

　次に、クライアント側プログラムをコンパイルして生成された実行ファイル

7.3 ソケットを利用したTCPプログラミング例

があるディレクトリで、次のようなコマンドを実行します。そうすると、クライアント側プログラムがサーバ側プログラムへとTCPでの接続を試みます。

```
% ./client
```

クライアント側のプログラムがサーバ側プログラムとのTCP接続に成功すると、サーバ側から送られてくる文字列を受け取り、その内容を表示します。このサンプルでは、サーバ側は2回まで接続を受け付けますが、クライアント側を初回実行時は次のような結果になります。

```
% ./client
6, HELLO
```

2回目は、次のようになります。

```
% ./client
5, HOGE
```

サーバ側は、2回まで接続を受け付けるように今回は作られており、クライアントを2回実行するとサーバ側プログラムは終了してしまい、サーバ側プログラムが開いていたソケットも閉じられてしまいます。

その状態でクライアント側プログラムを実行すると、TCP接続を試みるポート番号は閉じているので、次のようなエラーになります。

```
% ./client
connect: Connection refused
```

この「connet: Connection refused」は、エラー内容を表示するperrorと

第**7**章　ネットワークプログラムを書いてみよう！

いう関数が表示したものです。

> **コラム**
> column 「**Linuxの場合のコーディング例**」
>
> 　Linuxでは、sockaddr構造体（sockaddr_in、sockaddr_in6、sockaddr_storageなど）の中にサイズを示すためのメンバがありません。ここでのサンプルは、sockaddr構造体にサイズを示すメンバが入っているものになっていますが、Linuxで試す場合には、sockaddr構造体のサイズを示すメンバに値を代入している部分を削除してください。

7.4 TCPの送信元ポート番号を設定する

　bindの部分をもうちょっと掘り下げてみましょう。bindは、「名前が付いていないソケットに名前を付ける」と解説されますが、TCPにおける「名前」とは送信元もしくは接続を受け付けるIPアドレスと、送信元ポート番号です。listenの前にbindを行ったうえでacceptを行えば、bindによって設定されたTCPポート番号でTCP接続要求を待つようになります。connectの前にbindを行えば、acceptを行うサーバ側が認識するクライアント側のTCPポート番号は、connect前に行ったbindによって設定されたTCPポート番号になります。

　多少マニアックになってしまいますが、ソケットに対してTCPのポート番号が設定されるのは、bindを行ったときだけではないので注意してください。connectとlistenは、それらのシステムコールを利用する前にbindが行われていなければ、自動的にカーネルが送信元ポート番号を設定する機能を持っています。

　たとえば、TCP SYNを送信するクライアント側にも送信元ポート番号はありますが、一般的なプログラミング手法では、bindを行わずにconnectが行われます。これにより、bindによる「名前付け」が行われずにTCP SYNが送

158

信されるわけですが、TCP SYNを送信するには、何らかの送信元ポート番号が必要です。

bindを行わずにconnectができるのは、connectを利用する前にbindが行われていなければ自動的にカーネルが設定を行ってくれているためです[注5]。

ここまでで、「あれ？ bindせずにlistenもできるのでは？」と考えたあなたは非常に鋭いです。さらにマニアックになってしまいますが、TCP SYNを受け付けるサーバ側においても、bindを行わずにlistenを行うことで、カーネルが自動的に設定したポート番号でTCP SYNを待ち受けることができます。そういう書き方をしたときには、listen時点でどのようなポート番号になるのかを事前に予測するのが難しいため、listen後にgetsocknameというシステムコールを利用して、設定されたポート番号を調べたりします（**リスト7.3**）。

リスト7.3 bindによるポート番号設定のサンプルプログラム

```
#include <stdio.h>
#include <unistd.h>
#include <sys/types.h>
#include <sys/socket.h>
#include <netinet/in.h>
#include <string.h> /* for memset */
#include <arpa/inet.h> /* for inet_ntop */

int
main(void)
{
  int sock0;
  struct sockaddr_in serv;
```

注5) bindしてからconnectすることもできますが、送信元ポート番号を明示したいような場合以外では、あまりやらない手法です。

第**7**章　ネットワークプログラムを書いてみよう！

```c
struct sockaddr_in client;
socklen_t len;
int sock1;
char serv_name[16];
int n;

/* ソケットの作成 */
sock0 = socket(AF_INET, SOCK_STREAM, 0);

/* TCPクライアントからの接続要求を待てる状態にする */
n = listen(sock0, 5);
if (n != 0) {
  perror("listen");
}

/* getsocknameを使うための準備 */
memset(&serv, 0, sizeof(serv));
len = sizeof(serv);

/* getsocknameでソケットに付随する情報を取得 */
n = getsockname(sock0, (struct sockaddr *)&serv, &len);
if (n != 0) {
  perror("listen");
}

/* ソケットにつけられた「名前」をコンソールに表示 */
memset(serv_name, 0, sizeof(serv_name));
inet_ntop(serv.sin_family, &serv.sin_addr, serv_name, sizeof(serv_
name));
```

160

```
    printf("ipaddr=%s, port=%d\n", serv_name, ntohs(serv.sin_port));


    /* TCPクライアントからの接続要求を受け付ける（1回目）*/
    len = sizeof(client);
    sock1 = accept(sock0, (struct sockaddr *)&client, &len);

    /* 6文字送信（'H', 'E', 'L', 'L', 'O', '\0'）*/
    write(sock1, "HELLO", 6);

    /* TCPセッション1の終了 */
    close(sock1);

    /* listen するsocketの終了 */
    close(sock0);

    return 0;
}
```

このように、bindが行っているのはポート番号のマニュアル設定であって、自動設定を使うことも可能だったりするのです。

7.5 UDPのプログラミング例

次は、実際にUDPパケットの送信や受信のプログラム例を見ていきましょう。インターネットにおける通信の大半がTCPによるものですが、音声や動画の通信であったり、リアルタイム性が要求されたり、TCPほどの機能が不必要であったり、マルチキャストやブロードキャストによって同時に多数の相

第7章 ネットワークプログラムを書いてみよう！

手と通信したいときなどに使われるプロトコルとして「UDP」があります。第5章で紹介したDNSに対する問い合わせにもUDPが使われています。

TCPでは、相手を指定したうえで接続をしてから実際の通信を行うという手順でしたが、UDPでは**図7.2**のように相手を指定していきなり送信します。

図7.2 UDPを利用した送信と受信

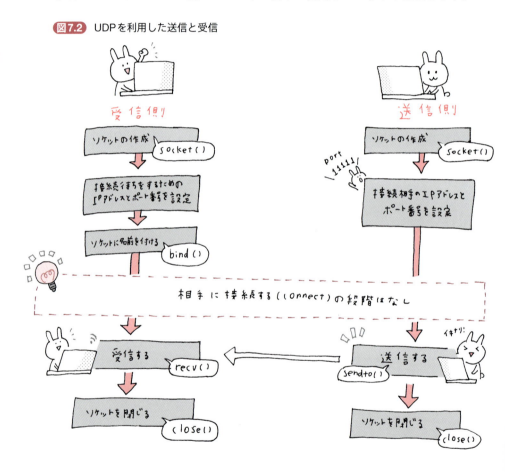

まずは、UDPパケットを送信するプログラムの例です。TCP用のソケットを作るときには、`socket`システムコールの第1引数に`AF_INET`で第2引数に`SOCK_STREAM`を指定していましたが、UDPでは第1引数に`AF_INET`で第2引数

がSOCK_DGRAMになっています。AF_INETとSOCK_DGRAMの組み合わせは、IPv4のUDPになります。

IPアドレスは自分自身を示すlocalhost(127.0.0.1)、宛先ポート番号は11111番に送信しています。

送信しているデータは「'T', 'E', 'S', 'T', '\0'」という5文字です。TCPのように、相手に接続する（connectする）という段階が存在せず、いきなりsendtoを行っているのが大きな特徴です[注6]。この**リスト7.4**では、UDPの送信元ポート番号はsendtoの時点で設定されています。sendtoを行う前にbindを行えば、UDP送信元ポート番号を明示的に指定できます。

リスト7.4 明示的に送信元ポートを指定するUDPサンプルプログラム

```c
#include <stdio.h>
#include <unistd.h>
#include <sys/types.h>
#include <sys/socket.h>
#include <netinet/in.h>
#include <arpa/inet.h>

int
main(void)
{
 int sock;
 struct sockaddr_in s;
 int n;

 /* ソケットを生成 */
 sock = socket(AF_INET, SOCK_DGRAM, 0);
```

注6) UDPソケットに対してconnectを使うこともできますが、本稿では割愛します。

第**7**章 ネットワークプログラムを書いてみよう！

```c
s.sin_family = AF_INET; /* IPv4 */
s.sin_port = htons(11111); /* ポート番号は11111 */
s.sin_len = sizeof(s); /* Linux では不要 */

/* 宛先IPアドレスとして 127.0.0.1 を設定 */
n = inet_pton(AF_INET, "127.0.0.1", &s.sin_addr);
if (n < 1) {
 perror("inet_pton");
 return 1;
}

/* UDPパケットを送信 */
n = sendto(sock, "TEST", 5, 0, (struct sockaddr *)&s, sizeof(s));
if (n < 1) {
 perror("sendto");
 return 1;
}

/* ソケットをclose */
close(sock);

return 0;
}
```

　次は、受信プログラムを見てみましょう（**リスト7.5**）。こちらは、UDP用
のソケットを作成したうえで、それに対して、bindシステムコールでポート
番号11111番という名前を付けています。bindで受信用のポート番号を設定し
たあとに、recvfromシステムコールでUDPパケットの到着を待っています。
パケットを受信すると、writeシステムコールを仕様して標準出力に受信した
内容をそのまま表示しています。

リスト7.5 受信側のUDPサンプルプログラム

```
#include <stdio.h>
#include <unistd.h>
#include <sys/types.h>
#include <sys/socket.h>
#include <netinet/in.h>

int
main(void)
{
 int sock;
 struct sockaddr_in bindaddr;

 struct sockaddr_storage senderinfo;
 socklen_t addrlen;
 char buf[2048];
 int n;

 /* IPv4 UDPソケットの生成 */
 sock = socket(AF_INET, SOCK_DGRAM, 0);
 if (sock < 0) {
  perror("socket");
  return 1;
 }

 bindaddr.sin_family = AF_INET;   /* IPv4 */
 bindaddr.sin_port = htons(11111); /* ポート番号は11111 */
 bindaddr.sin_addr.s_addr = INADDR_ANY; /* すべてのローカルインターフェース */
 bindaddr.sin_len = sizeof(bindaddr); /* Linuxでは不要 */
```

第 **7** 章　ネットワークプログラムを書いてみよう！

```
/* ソケットに名前をつける */
if (bind(sock, (struct sockaddr *)&bindaddr, sizeof(bindaddr)) !=
0) {
 perror("bind");
 return 1;
}

/* recvfromに渡すsockaddr構造体のサイズ */
addrlen = sizeof(senderinfo);

/* UDPパケットの受信 */
n = recvfrom(sock, buf, sizeof(buf) - 1, 0,
     (struct sockaddr *)&senderinfo, &addrlen);

/* ターミナルに受信結果を出力 */
write(fileno(stdout), buf, n);

/* ソケットのclose */
close(sock);

return 0;
}
```

　リスト7.4と**リスト7.5**のプログラムを、それぞれコンパイルしたうえで、
受信側プログラムを先に実行してある状態で、送信側プログラムを実行する
と、受信側プログラムに「TEST」と表示されます。

　この「TEST」という文字列は、送信側プログラムがUDPを利用して受信側
プログラムに送信された文字列を、受信側プログラムが受け取って表示したも
のです。送信側プログラムが送る文字列を変えると、受信側プログラムが表示
する文字列も変わるので、ぜひ試してください。

166

7.6 UDPでの返信の例

次は、UDPを利用した返信の例を見てみましょう。TCPでは、データを双方向にやりとりすることができます。たとえば、Webで利用されるHTTPのように、TCP接続確立後に、受け取ったデータに応じて返答するようなこともできます。UDPソケットからパケットを受け取ったソケットを使って送信してきた相手にパケットを送ることで、UDPでも「何かを受け取ったら、その相手に返答する」ということができます。

図7.3は、IPアドレス203.0.113.8の送信側が、送信元ポート番号55555のUDPパケットを、IPアドレス192.0.2.9のUDPポート11111番宛に送信しています。IPアドレス192.0.2.9側は、UDPパケットを`recvfrom`システムコールで受信します。`recvfrom`システムコールの第五引数は、UDPパケットの送信元情報が含まれているので、そこに記載された情報をもとにUDPパケットを送信しています。

図7.3 UDPでの返信の例

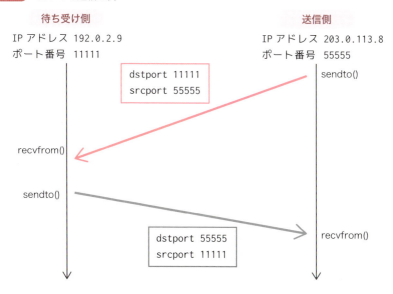

第7章 ネットワークプログラムを書いてみよう！

このように、UDPパケットに記載された送信元のIPアドレスとポート番号を、そのまま宛先情報として利用して返答するという実装方法がさまざまなところで行われています。たとえば、UDPを利用してDNSへの問い合わせを行うときも、このような方式でDNSからの応答が送信されています[注7]。

この方式の問題点は、外部のユーザが偽造したものを受け取ったとしても気が付けない場合があるというところです。TCPでは、最初に3 way handshakeがあり、シーケンス番号が同期していないとパケットが受け付けられないのですが、UDPそのものにはそういった仕組みがないので、TCPと比べて偽造パケットを忍び込ませるハードルが低くなっています（図7.4）。

こういった攻撃を防ぐためには、アプリケーションを実装する人が、偽造されたパケットを検知できるような仕組みを独自に実装する必要があります。

図7.4　UDPパケットの偽造

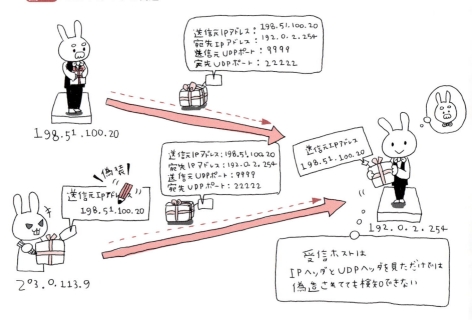

注7）　DNSへの問い合わせがTCPで行われることもあります。

7.7 getaddrinfo

　最近の便利なライブラリを利用していると、アプリケーションが名前解決を行っていることを忘れがちです。しかし、ソケットを利用したプログラミングでは、名前解決部分は非常に重要な要素です。

　たとえば、「www.example.com」というサーバと通信を行うとき、ソケットを利用して通信を行うには、「www.example.com」のIPアドレスを指定します。「www.example.com」という名前からIPアドレスを得るのが名前解決です。

　ソケットを利用したプログラミングでの名前解決は、getaddrinfoを利用します。昔はgethostbynameというAPIが利用されていましたが、gethostbynameはIPv4しか扱えないため、現在はIPv4に限定されないgetaddrinfoを利用することが推奨されています[注8]。

　たとえば、Appleは2016年6月からiOSアプリの審査基準としてIPv4に依存するコードの禁止を追加しました[注9]。プログラミング言語としてはgethostbynameはiOSアプリ開発用に提供されていますが、今後はgethostbynameなどの旧APIを含むプログラムはiOSアプリの審査を通らなくなります。

　ここまでは、IPv4を前提に話を進めてきましたが、IPv6対応が求められることが徐々に増えつつあります。2011年に、実際に在庫枯渇が到来したことにより、IPv6対応が世界中で急速に行われるようになりました。しかし、IPv6はIPv4との直接的な互換性がないため、「インターネットプロトコル」という視点で見ると、これまで1つであったインターネットと平行して、IPv6による2つめのインターネットが急速に成長しているように見えます。

　その一方で、「インターネットは1つである」という考え方もあるために、IPv4

注8) getaddrinfoはIPv6対応のための実装ではなく、特定のアドレスファミリーに非依存な実装です。
注9) WWDC15で発表されたときには2015年末でしたが、その後、2016年6月になりました。WWDC15の発表資料（http://devstreaming.apple.com/videos/wwdc/2015/719ui2k57m/719/719_your_app_and_next_generation_networks.pdf）。2016年6月1日の発表（https://developer.apple.com/news/?id=05042016a）

第 **7** 章　ネットワークプログラムを書いてみよう！

とIPv6をあえて混ぜた状態で設計されている部分もあります（名前解決の仕組みなど）。このように、2つなのだけど1つであり、別物であると同時に同じものであるという非常にややこしい状況になっています。そういった「2つであるが1つである」部分を仮想的に実現しているのが名前解決であるとも言えるのですが、ソケットプログラミングという視点でみたとき、getaddrinfoがまさにそういった部分になるわけです。**リスト7.6**はgetaddrinfoを利用しています。

リスト7.6　getaddrinfoを利用したサンプルプログラム

```c
#include <stdio.h>
#include <unistd.h>
#include <string.h>
#include <sys/types.h>
#include <sys/socket.h>
#include <netdb.h>

int
main(void)
{
 char *hostname = "www.example.com";
 char *service = "http";
 struct addrinfo hints, *res0, *res;
 int err;
 int sock;

 memset(&hints, 0, sizeof(hints));
 hints.ai_socktype = SOCK_STREAM;
 hints.ai_family = PF_UNSPEC; /* IPv4とIPv6両方を取得 */
 if ((err = getaddrinfo(hostname, service, &hints, &res0)) != 0) {
  printf("error %d\n", err);
  return 1;
 }
```

```
 for (res=res0; res!=NULL; res=res->ai_next) {
  sock = socket(res->ai_family, res->ai_socktype, res->ai_protocol);
  if (sock < 0) {
   continue;
  }

  if (connect(sock, res->ai_addr, res->ai_addrlen) != 0) {
   close(sock);
   continue;
  }

  break;
 }

 if (res == NULL) {
  /* 有効な接続ができなかった */
  printf("failed\n");
  return 1;
 }

 freeaddrinfo(res0);

 /* ... */
 /* ここ以降にsockを使った通信を行うプログラムを書いてください */
 /* ... */

 return 0;
}
```

第 **7** 章　ネットワークプログラムを書いてみよう！

getaddrinfoに対して渡す引数は、名前解決を行う文字列だけではなく、そのあとにソケットに対して設定したいポート番号なども含まれています。このサンプルでは、getaddrinfoが成功したら、その結果に含まれるパラメータを使ってソケットを作成し、そのソケットに対してconnectを行っています。connectに成功すれば、そのソケットを利用しますが、失敗すればソケットを閉じてgetaddrinfoが返した次の結果を試してみます。

getaddrinfoのAPIがソケットの種類やポート番号などの情報を引数として渡すようにできており、getaddrinfoが返す結果にもそれらが含まれるので、その結果をそのまま利用してsocket、connect、bindなどのシステムコールを使えるようになっています。

なお、余談ではありますが、getaddrinfoとgethostbynameはカーネル内部に実装しなくても実現可能であるため、システムコールではなく、C言語用の基本ライブラリ（libc）の一部として提供されています[注10]。たとえば、ファイルを扱うためのfopenやfclose、標準出力に文字列を表示するprintfなどもlibcの一部ですが、getaddrinfoとgethostbynameも同様の扱いです。

7.8 IPv6とIPv4のどちらを使うべきか —— Happy Eyeballs

特定の名前に対して複数のIPアドレスが関連付けられることもあるため、名前解決によって得られるIPアドレスは1つだけとは限りません。名前解決の結果、IPv4とIPv6の両方のIPアドレスが得られた場合に、どちらのアドレスファミリを利用するのかは、プログラマに任されています。

2015年の中旬に話題になったのがAppleが実装した手法です。macOSのEl Captainでは、IPv4とIPv6の両方に対する名前解決を行いつつ、最初に届いた結果がIPv4であれば、25ミリ秒待ってからTCP接続確立を試みるなど、IPv6

注10）　man 3 getaddrinfo参照

7.8 IPv6とIPv4のどちらを使うべきか──Happy Eyeballs

を優先的に使うような工夫が行われています[注11]。

2012年に発行されたRFC 6555では、Google ChromeとMozilla Firefoxで採用されているアルゴリズムとして以下の手法を紹介しています。

① getaddrinfo()を利用して名前解決を行う
② getaddrinfo()から受け取ったIPアドレスリストの順番に接続を試みる
③ 接続の試みが短時間で確立しない場合（FirefoxやChromeでは300ミリ秒）、異なるアドレスファミリの最初のIPアドレスでの接続を試みる。この場合、直前に失敗したアドレスファミリがIPv6であれば、IPv4を試す
④ 最初に確立した接続を利用する

このように、複数のTCP接続を並行して確立しようとしつつ、最初に成功したTCP接続を利用することで、IPv4とIPv6のどちらを利用するのが良いのかを自動的に判断する試みもあります。

> **コラム column 「gai.conf」**
>
> getaddrinfoが返す順番によってユーザがどのようなIPアドレスで通信を行うのかが変わってきます。そのため、getaddrinfoが結果を返す順番というのは非常に重要な要素となるわけです。DNSによって得られる名前解決結果が複数存在するときに、getaddrinfoがどのような順番で結果を返すのかに関しての標準がRFC 6724 (Default Address Selection for Internet Protocol Version 6 (IPv6)、http://tools.ietf.org/html/rfc6724）に記述されているので、興味がある方はぜひ調べてください。
>
> 環境によっては、IPv6ではなくIPv4を優先的に利用したい場合もあります[注12]。gai.confという設定ファイルを編集することで、そのホスト内でgetaddrinfoが返す結果の優先度を設定することもできます。興味がある方は「gai.conf」というキーワードでWeb検索をしてみてください。

[注11] 参考：https://www.ietf.org/mail-archive/web/v6ops/current/msg22455.html
[注12] 詳細は割愛しますが、6to4のIPv6アドレスを取得してしまうような場合など。

第**7**章　ネットワークプログラムを書いてみよう！

7.9　TCPやUDP以外のソケット

　TCPやUDP以外にも、ソケットにはさまざまな種類があります。本書では割愛しますが、IPパケットを直接作成できるようなソケットや、ホスト内のプロセス間で通信するためのソケットなど、実際にはさまざまな種類のソケットがあります。興味がある方は、ぜひいろいろと調べてみてください。

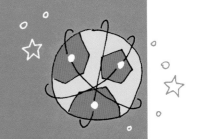

第 **8** 章
chapter 8

ネットワークコマンドの使い方

第 **8** 章　ネットワークコマンドの使い方

8.1　ping と traceroute を使ってみよう！

　プログラムを書かなくても、ネットワークを体感できます。ネットワークを体感するためにお勧めなのが、以下のコマンドです。

- ・ ping/ping6
- ・ traceroute/tracert/traceroute6
- ・ dig/nslookup
- ・ Wireshark

　これらのツールは、「ちょっと試してみる」ためだけのものではありません。ネットワークを使ううえで非常に有用であり、重要なツールでもあります。たとえば、ネットワークが何かおかしいと思ったときなどに、これらのツールを使って現状把握や問題の切り分けを行うことができます。

　覚えておいて損がないツールなので、ぜひ試してみてください。

8.2　ping/ping6

　最初に紹介するのが最も原始的であり、一般的なネットワークコマンドであるpingです（ping6は、UNIX系OSでのIPv6用pingです）。pingは、指定した宛先までパケットが届いているのかどうかを推測するために使えるツールです。

　やっていることは非常に単純で、パケットを相手に送り付けて、相手はパケットを送り返すというものです。pingの名前も由来は潜水艦のソナーから来ています（**図8.1**）。

176

8.2 ping/ping6

図8.1 ping

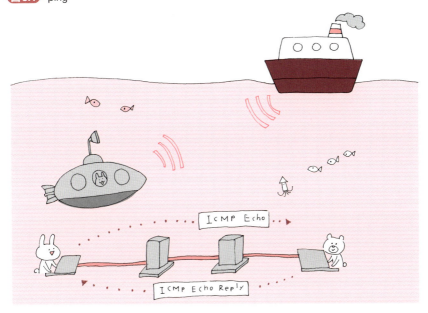

　百聞は一見にしかず、なので、「なぜ動くか」の先にどうやったら使えるかを説明してしまいたいと思います。まず、Windowsであれば最初にコマンドプロンプトを起動してください。macOSであれば「ターミナル」を実行してください。LinuxやFreeBSDなどのUNIX系OSをご利用の方々は、何らかの方法でコマンドラインを出してください（というより、UNIX系OSを利用の方々であれば、ここら辺は説明する必要はないだろうと推測されます）。

　次に、「ping ホスト名」とプロンプトが表示されたコマンドラインで入力してください。「ホスト名」の部分は適当に思いつくホスト名か、もしくはIPアドレスを使ってください。私の手もとの環境では、192.168.0.1がルータなので、図8.2では「ping 192.168.0.1」としています。

第 **8** 章　ネットワークコマンドの使い方

図8.2 macOSでのping成功例

```
% ping 192.168.0.1

ping 192.168.0.1
PING 192.168.0.1 (192.168.0.1): 56 data bytes
64 bytes from 192.168.0.1: icmp_seq=0 ttl=255 time=3.895 ms
64 bytes from 192.168.0.1: icmp_seq=1 ttl=255 time=3.986 ms
64 bytes from 192.168.0.1: icmp_seq=2 ttl=255 time=3.890 ms
64 bytes from 192.168.0.1: icmp_seq=3 ttl=255 time=4.669 ms
64 bytes from 192.168.0.1: icmp_seq=4 ttl=255 time=3.951 ms
64 bytes from 192.168.0.1: icmp_seq=5 ttl=255 time=3.973 ms
64 bytes from 192.168.0.1: icmp_seq=6 ttl=255 time=0.881 ms
^C
--- 192.168.0.1 ping statistics ---
7 packets transmitted, 7 packets received, 0.0% packet loss
round-trip min/avg/max/stddev = 0.881/3.606/4.669/1.141 ms
```

　これは、pingが成功している例を示しています。では、この**図8.2**の画面は
何を言っているのでしょうか？　まず、大文字の「PING」で始まる行を見ると
56バイトのデータパケットを送ってpingを行っているのがわかります。それ
に続く、行を見ると64バイトのデータが192.168.0.1から返ってきているのが
わかります。192.168.0.1からの返答を示す行の最後には、ping用のパケットを
送信してから応答が返ってくるまでの時間が記述されていますが、この例では
4ミリ秒前後で応答が到着しているのがわかります。TTLというのはIPパケッ
トのTime To Liveです。このTTLとは、パケットがルータによって転送され
てもよい回数がIPヘッダに記述されたものです。

　次に、失敗している例を見たいと思います。

　今度は、存在しないホストに対してpingを行います。私の手もとの環境では、
192.168.0.200というホストは存在しません。今度はそこに向けてpingを行います。

図8.3 macOSでのping失敗例

```
% ping 192.168.0.200
PING 192.168.0.200 (192.168.0.200): 56 data bytes
Request timeout for icmp_seq 0
Request timeout for icmp_seq 1
Request timeout for icmp_seq 2
Request timeout for icmp_seq 3
^C
--- 192.168.0.200 ping statistics ---
5 packets transmitted, 0 packets received, 100.0% packet loss===
```

　上記実行結果を見ると「Request timeout」が4回続いています。これは、「pingの応答を待ったけど帰ってこなかった」ということを示しています。pingは、エラーメッセージや制御メッセージを転送するICMP（Internet Control Message Protocol）というIP上のプロトコルを利用しています[注1]。この、ICMPというプロトコルは、インターネットにとって非常に根本的なプロトコルであると言えます。

　ICMPのIPプロトコルIDは1です。インターネットプロトコルにおいて一番最初のプロトコル番号がついているのです。これは、TCPのプロトコル番号である6よりも小さい数字です。TCPによる信頼性の保証以前の問題として、そもそもネットワークがつながっているのかどうかを確認するプロトコルのほうが先に必要であるということが数字からもわかります。

　ICMPには、さまざまな機能がありますが、pingが利用しているのはICMP EchoとICMP Echo Replyというメッセージです。Echoという英単語は、音の反響やこだまという意味を持ちます。Replyという英単語は返信という意味を持つので、Echo Replyを直訳すると「こだまの返信」という変な感じになってしまいますが、ICMPのEcho Replyは、ICMP Echoに対する返信なので、「エ

注1）　ICMPに関してはRFC 792参照。

第8章 ネットワークコマンドの使い方

コーメッセージへの返信」と思ってください。

ICMPにはさまざまな機能がありますが、pingはそのうちのEchoメッセージとEcho Replyメッセージを利用しています。Echoメッセージとは、「Echoを返してくれ」というメッセージで、Echo Replyメッセージは「Echoに対する応答」です。pingコマンドは、ICMP Echoメッセージを送信し、ICMP Echo Replyメッセージが帰ってくるのを待ちます。pingコマンドは、ICMP Echo Replyメッセージを確認すると、ICMP Echo Replyを受け取るのにかかった時間を計り、表示しています。

ICMP EchoメッセージとICMP Echo Replyメッセージは同じフォーマットです（**図8.4**）。各フィールドは、**表8.1**のような意味を持ちます。

図8.4 ICMP EchoメッセージおよびICMP Echo Replyメッセージフォーマット

▼**表8.1** ICMP Echo Replyメッセージフィールドの意味

Type [8ビット]	ICMPメッセージの種類を表す。Echoメッセージは8、Echo Replyメッセージは0
Code [8ビット]	Typeメッセージとともに利用される。EchoメッセージとEcho Replyメッセージでは、この値は0
ICMP Header Checksum [16ビット]	チェックサム。ICMPヘッダを含むICMPメッセージ全体に対して計算される
Identifier [16ビット]	識別子。Echoメッセージに対応するEcho Replyメッセージを識別するために利用される
Sequence Number [16ビット]	シーケンス番号。Echoメッセージに対応するEcho Replyメッセージを識別するために利用される。一般的なpingコマンドでは、ICMP Echoパケットが送信されるたびに、この値を1ずつ増加させて利用する
Data	任意のデータを付属可能。一般的なpingコマンドでは、この部分にICMP Echoパケット送信時のタイムスタンプを付属させることでパケットの往復にかかった時間をアプリケーションが計算しやすいようにしている

インターネットに接続されている機器は、ICMP Echoメッセージを受け取ると、ICMP Echoメッセージに含まれるIdentifier、Sequence Number、Data部分をコピーしたICMP Echo Replyメッセージを生成して返信します。途中経路上でICMPパケットをブロックしている場合や、ICMP Echoに返答しない設定にされた機器でなければ、カーネルがICMP Echoに返信するため、相手側で特別な設定がいりません。pingコマンドを実行するために、相手側の機器でpingに応答するためのアプリケーションを起動しておく必要がないのです。第7章で紹介したプログラミング例では、TCPソケットを利用したプログラミングではサーバとクライアントが必要でしたし、UDPソケットでは受信者と送信者が必要でしたが、ICMP Echoは送信者側だけで大丈夫なのです。

pingコマンドは、ネットワークの設定をするときに必ずといって良いほどよく使うツールです。覚えておいて損はありません。

8.3 traceroute/tracert/traceroute6

次は、ネットワークの向こうにいるホストまでの経路を知ることができるtracerouteコマンドです。Linuxや＊BSDなどのUNIX系OSではtraceroute、Windowsではtracert、UNIX系でのIPv6用がtraceroute6です。

tracerouteは、指定した宛先までの途中経路を表示してくれます。「たどる」という意味を持つ「trace」と、経路という意味を持つ「route」を組み合わせた名前であることからも、経路を探索するアプリケーションであることがわかります（**図8.5**）。

第8章 ネットワークコマンドの使い方

図8.5 パケットの「足跡」

では、実際にtracerouteコマンドを試してみましょう。たとえば、私の手もとの環境からwww.example.comまでtracerouteした場合には**図8.6**になります。

図8.6 traceroute実行例

```
% traceroute www.example.com
traceroute to www.example.com (93.184.216.118), 64 hops max, 52 byte
packets
  1  192.168.0.1 (192.168.0.1) 1.435 ms  0.744 ms  0.952 ms
  2  mito06.ap.XXXX.ne.jp (203.0.118.1) 12.963 ms  10.456 ms  10.793 ms
  3  09ig2-0.net.XXXX.ne.jp (192.0.2.1) 10.828ms  11.121 ms  11.434 ms
  4  nrt1.asianetcom.net (202.172.1.181) 14.400 ms  14.238 ms  15.390 ms
  5  sj1.asianetcom.net (202.147.51.127) 120.861 ms  121.717 ms 119.551 ms
  6  www.example.com (93.184.216.118) 131.956 ms  132.308 ms  129.135 ms
```

tracerouteの結果では、指定した宛先までの途中ルータがわかります。また、それぞれまでのRTT（Round Trip Time）も表示されます。IPアドレスに対応する名前がDNSの逆引きで取得できない場合には、IPアドレスのまま表示されます。この例では、目的のホストまで6ホップあることがわかります。

8.4 traceroute の仕組み

> **コラム**
> **column** 「www.example.com の実際」
>
> example.comドメイン名は、説明目的のためにRFC 2606で予約されています。つまり説明用のドメイン名です。第1章で紹介したようにIANAによる運用も行われています。説明用に使えるだけではなく、実際にアクセスすることもできるようになっているのです。
>
> **図8.6**の例では、tracerouteのサンプルとしてwww.example.comまでの経路を調べていますが、皆さんの手もとでも同様にコマンドを実際に試すことができます。

8.4 traceroute の仕組み

では、なぜtracerouteは動作するのかという説明をします。インターネットには、特定のパケットが永遠にネットワーク内を徘徊しないように、各パケットに安全装置があります。この安全装置は、IPヘッダ内にTTL（Time To Live）というフィールドを作ることによって実現しています。このTTLフィールドは、ルータによりパケットが転送されるたびに値が1引かれます。

IPパケットの転送が繰り返されると、TTLの値は転送ごとに減っていきます。最終的にIPパケットが宛先まで届けば良いのですが、宛先に届く前にTTLが0になってしまうとIPパケットは消滅します。しかし、単に消滅してしまうと何が起きたのかがわからない場合があるので、ルータはTTLが0のIPパケットを破棄するときにはIPパケットを送った送信元に対してICMP Time Exceededという種類のICMPパケットを送信します。

「Time」は時間、「Exceeded」は上限を超えてしまったという意味を持つので、「Time Exceeded」は「時間の上限を超えてしまった」という意味を持ちます。ICMP Time Exceededは、パケットがインターネット上で存在し続けてしまっても良い限度を超えて転送され続けてしまったために破棄されたことを伝えるICMPメッセージであることが、その名前からもわかります（**図8.7**）。

第8章 ネットワークコマンドの使い方

図8.7 IPヘッダのTTLとICMP Time Exceededの送信

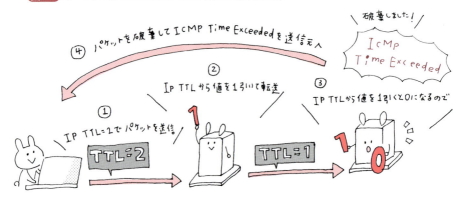

tracerouteは、このICMP Time Exceededを利用しています。意図的にTTLの値を小さくして、ICMP Time Exceededが発生する環境を作成しているのです。

実際のtracerouteの動作を見ていきましょう。tracerouteは、まず最初にTTL=1でIPパケットを送信します。すると、パケットが一度転送された状態でTTLが0となり、tracerouteを実行した機器の隣のルータからICMP Time Exceededが返ってきます。

次に、TTL=2でIPパケットを送信します。今度は、隣の隣にいるルータがICMP Time Exceededを返してきます。

このように順次TTLを上げていき、徐々に届く範囲を広げていきます。最終的にIPパケットが目的の宛先に到着するまで送信するTTLは上がっていきます。

8.5 最後の1ホップ

このようにTTLの値を利用して1ホップずつ把握していけるtracerouteですが、このままでは最終的な目的地に到達したときに困ります。

本来の目的地に着いたということは、TTLとして十分な値が設定されたということだからです。ICMP Time Exceedが送信されるのはTTLが0となっ

た場合であるため、パケットが目的地に到達した場合にはICMP Time Exceededは送信されません。

そのため、tracerouteは最後の1ホップだけはICMP Time Exceededを利用しません。最終的な目的地にIPパケットが到着したことを知る手段で一般的な物は2つあります。

1つは、tracerouteによって送信されるIPパケットをICMP Echoパケットにすることです。それにより、ICMP Echoパケットを受け取った宛先はICMP Echo Replyを返してくれます（**図8.8**）。

図8.8 ICMP Echoパケットを使う場合

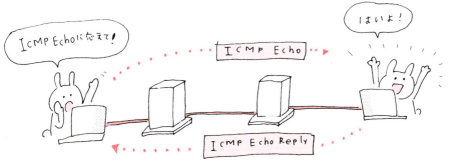

2つめの方法は、tracerouteによって送信されるIPパケットをUDPにすることです。UDPの宛先ポート番号は、宛先でサービスが存在しないものを利用します。そうすることにより、宛先にUDPパケットが届いたときに、宛先ホストはICMPを使って「そのポート番号は使われていませんよ」というメッセージを送り返してくれます。ICMPのTypeがDestination Unreachableで、Codeがport unreachableです。

そのICMPメッセージを受け取ることで、最後の1ホップからの返答を得るという方法もあります（**図8.9**）。

図8.9 Port Unreachableを使う場合

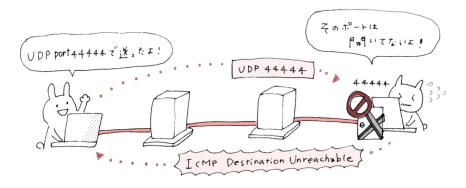

このような方法でtracerouteは途中経路を計測しています。tracerouteはインターネットの仕組みを巧みに利用したアプリケーションであり、ネットワークのトラブルシューティングにはなくてはならないものの1つです。

> **コラム** 「知らないサーバへpingやtracerouteの実験禁止」
>
> 　pingやtracerouteの実験をするときに注意すべき重要なことがあります。覚えたら使いたくなるのが人情ですが、自分で管理しておらず、素性を知らないホストへむやみに大量のpingやtracerouteをしてはいけません。pingやtracerouteで、パケットを大量に送られるということを「攻撃をされた」と受け取る人もいます。トラブルに巻き込まれないためにも、他人のホストに対して、むやみやたらに何かをするのは控えましょう。もう一点注意が必要なのが、セキュリティ上の理由でpingやtracerouteなどができなくなっている環境もあるということです。
> 　たとえば、会社のネットワークなどでは、セキュリティ上の理由でICMPパケットの通過を許可していない場合があります。そのようなネットワークでは、ホストに不具合がなくてもpingに対する応答は返ってきません。
> 　また、セキュリティソフトやパーソナルファイヤウォールにより、ICMPパケットが送信側の手もとでフィルタリングされている場合も考えられます。

8.6 digコマンドを使ってみよう

　DNSに関連する情報を調べるのに便利なのが、digコマンドです[注2]。私がdigコマンドをよく使うのは、何らかのサービスで何らかの障害が発生しているときです。digコマンドを利用することによって、「あれ？　何が起きているのだろう？　そもそも、この名前と通信をしようとしたときに、どことつながるのだろう？」といったことを調べることもできます。そのほか、そのドメイン名で運用されているWebサーバなどが、どのようなホスティングサービスを利用しているのかなどを推測したいときや、DNSの設定を確認するときなどにも利用できます。

　digは、問い合わせを行うDNSメッセージの詳細を指定できます。digの出力結果も、返って来たDNSメッセージの詳細を知ることができる表示になっています。まずは、www.example.comのIPv4アドレスを調べます（**図8.10**）。

図8.10 digの実行例

```
% dig www.example.com

; <<>> DiG 9.9.5 <<>> www.example.com
;; global options: +cmd
;; Got answer:
;; ->>HEADER<<- opcode: QUERY, status: NOERROR, id: 22000
;; flags: qr rd ra; QUERY: 1, ANSWER: 1, AUTHORITY: 2, ADDITIONAL: 4

;; QUESTION SECTION:
;www.example.com.		IN	A
```

注2） nslookupという古いコマンドもありますが、本稿ではdigを中心に紹介します。Windowsで最初からインストールされているのはnslookup.exeコマンドです。

第 **8** 章　ネットワークコマンドの使い方

```
;; ANSWER SECTION:
www.example.com. 40084  INA 93.184.216.119

;; AUTHORITY SECTION:
example.com.   5547IN   NS  b.iana-servers.net.
example.com.   5547IN   NS  a.iana-servers.net.

;; ADDITIONAL SECTION:
a.iana-servers.net. 1788IN  A 199.43.132.53
a.iana-servers.net. 1788IN  AAAA2001:500:8c::53
b.iana-servers.net. 1095IN  A 199.43.133.53
b.iana-servers.net. 1095IN  AAAA2001:500:8d::53

;; Query time: 22 msec
;; SERVER: 192.168.0.1#53(192.168.0.1)
;; WHEN: Wed Mar 12 13:07:47 JST 2014
;; MSG SIZE  rcvd: 185
```

　IPv6アドレスを示すAAAA（「クアッドA」と読みます）レコードを問い合わせた場合には、**図8.11**のようになります。

図8.11　digの実行例（AAAAレコード問い合わせ）

```
% dig aaaa www.example.com

; <<>> DiG 9.9.5 <<>> aaaa www.example.com
;; global options: +cmd
;; Got answer:
;; ->>HEADER<<- opcode: QUERY, status: NOERROR, id: 49742
```

8.6 digコマンドを使ってみよう

```
;; flags: qr rd ra; QUERY: 1, ANSWER: 1, AUTHORITY: 2, ADDITIONAL: 4

;; QUESTION SECTION:
;www.example.com.    INAAAA

;; ANSWER SECTION:
www.example.com.  36521  INAAAA2606:2800:220:6d:26bf:1447:1097:aa7

;; AUTHORITY SECTION:
example.com.    1003 INNSb.iana-servers.net.
example.com.    1003 INNSa.iana-servers.net.

a.iana-servers.net. 377 IN  A 199.43.132.53
a.iana-servers.net. 377 IN  AAAA2001:500:8c::53
b.iana-servers.net. 377 IN  A 199.43.133.53
b.iana-servers.net. 377 IN  AAAA2001:500:8d::53

;; Query time: 19 msec
;; SERVER: 192.168.0.1#53(192.168.0.1)
;; WHEN: Wed Mar 12 13:10:55 JST 2014
;; MSG SIZE  rcvd: 197
```

　上記2つのサンプルは、digコマンドを実行しているシステムに対して設定してあるキャッシュDNSサーバへの問い合わせ結果です。

　digコマンドは、@を利用して問い合わせるDNSサーバを指定できます。たとえば、キャッシュDNSサーバを経由せずに権威DNSサーバに直接問い合わせたいときには、

第 **8** 章　ネットワークコマンドの使い方

```
dig +norec @権威DNSサーバのIPアドレス www.example.com.
```

のようにdigコマンドを使います。問い合わせ先が権威DNSサーバの場合、
+norecオプションを付ける方が安全ですが、本書では解説を割愛します。

　@コマンドは、権威DNSサーバではなくキャッシュDNSサーバへの問い合
わせでも使えます。キャッシュDNSサーバごとに特定のレコードを問い合わ
せることで、それぞれのキャッシュDNSサーバにキャッシュがある場合に、
それらのTTLを調べたりできます。

　digコマンドで、ほかによく使うのが「+trace」オプションです。ルート
サーバから目的とする名前までの権威DNSサーバを順次調べたいときに「dig
+trace www.example.com」というふうに使えます。+traceオプションを利用
すると、反復検索がどのように行われているのかを確認できます。

　第5章で新規に登録（もしくは設定）されたドメイン名に関連する問い合わ
せの際に発生するネガティブキャッシュに関して紹介しましたが、ネガティブ
キャッシュの影響を受けずにdigコマンドを利用して確認する方法として以下
のものがあります。

・「@」を利用してDNS権威サーバに直接問い合わせる方法

```
dig +norec @ns.example.jp. ns newsubdomain.example.jp.
```

・+traceを利用して特定の名前を調べる方法

```
dig +trace newhostname.newsubdomain.example.jp.
```

　ここで紹介したほかにも、digを使ってさまざまな問い合わせができます。
さらに詳細に興味がある方は、man digをコマンドラインから入力し調べてみ
てください。

190

8.7 Wireshark

　手もとのネットワークで、実際にどのようなパケットが流れているのかを確認するのが非常に重要になる場合もあります。ネットワーク内に流れているパケットを確認するメリットとして、TCP/IPでのソケットプログラミングを行っているときに、ネットワーク内にどのようなパケットが流れているのかを確認することでデバッグが行いやすくなることが挙げられます。プログラムに含まれるバグを直すには、まずは状況の把握や原因の発見が重要なのです。たとえば、**図8.12**のように送信側と受信側がまったく異なる見解を示していたとします。

　送信側は、「0000」というデータを送っているつもりになっている一方で、受信側は「0001」というデータを受け取っています。

　このとようなときに、実際にどのようなパケットが送信されているのかを確認すると、問題がどちら側にあるのかを発見しやすくなります。

図8.12 パケットキャプチャによるデバッグ

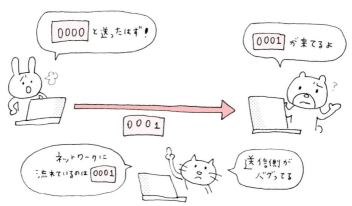

　そのほか、運用しているネットワークが攻撃を受けているようなときにどこから何が来ているのかを調べたり、何らかのネットワーク障害が発生している

ときに原因究明のヒントを得やすくなる場合があります。

　パケットのキャプチャし、それを解析するためによく使われるツールがWiresharkです。Wiresharkはパケットをキャプチャするだけではなく、さまざまなプロトコルをあらかじめ知っているので、各種プロトコルのヘッダを解析したり、複数のパケットを再構成するといった便利な機能があります。

・Wireshark（http://www.wireshark.org/）

　Wiresharkでキャプチャを開始するには、［キャプチャ］→［オプション］でキャプチャインターフェース選択画面を開きます。キャプチャインターフェースで監視するネットワークインターフェースを選択後に、［開始］を押すとパケットキャプチャが開始されます（**図8.13**）。

図8.13 キャプチャ例

　パケットキャプチャ画面は3段に分かれています。上からキャプチャされたパケットの一覧、選択されたパケットの解析情報概要、パケットデータの詳細情報表示です。

8.8 TCPストリームの追跡

　Wiresharkでキャプチャしただけの状態では、TCPのパケットがバラバラに表示されるだけです。各TCPパケットが個別に何を運んでいるのかを調べたいこともありますが、どちらかというとTCPストリーム全体でどのようなデータがやりとりされたのかを知りたいことの方が多いのではないでしょうか。Wiresharkは、そのような場合のために複数のTCPパケットを再構成してデータを表示する機能があります。

　WiresharkでTCPストリームとして一連のパケットを解析するには、解析したいTCPストリームに属するパケットを選択したうえで、[分析]→[追跡]→[TCPストリーム]を行います。すると、**図8.14**のように、複数のTCPパケットをまとめてデータにした状態で表示されます。この機能は、非常に便利です。

図8.14 TCPストリームの追跡

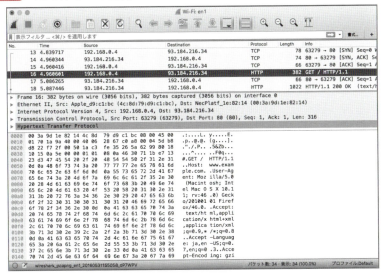

第 **8** 章　ネットワークコマンドの使い方

　Wireshark は GPL（GNU General Public License）で公開されているオープンソースのフリーソフトです。各種 UNIX 系 OS、Windows、macOS など、幅広いプラットフォームにも対応しているので、ぜひ試してください。

8.9　次はIPv6の紹介

　ここまで、本書執筆時点において主要となっている IPv4 を中心に説明しつつ、ところどころで IPv6 が登場していました。次は、IPv4 アドレス在庫枯渇問題と IPv6 を紹介します。

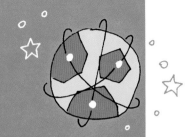

第 **9** 章

chapter 9

IPv4とIPv6の違い とは何か？

第**9**章　IPv4とIPv6の違いとは何か？

9.1　IPv4とIPv6のデュアルスタック

　ある特定のプロトコルを扱うためのソフトウェアの実装を「プロトコルスタック」と呼びます。IPv4とIPv6は異なるプロトコルなのでプロトコルスタックも別です。

　まったく別々の2つのプロトコルスタックを使える状態を「デュアルスタック」と呼びますが、この章では、IPv4とIPv6のデュアルスタック環境におけるソケットとポートに視点をあてます。

9.2　IPv4とIPv6の両方を使う場合のソケットとポート

　本書のテーマである「ソケットとポート」という視点で見たとき、IPv4だけを扱うことと、IPv4とIPv6の両方を扱うことには大きな差があります。

　プロトコルスタックが異なるので、ソケットも別々のものになります。

　IPv4の通信を行う場合にはIPv4用のソケットを用意する必要がありますし、IPv6の通信を行う場合にはIPv6用のソケットを用意する必要があります。

　たとえば、TCPの80番ポートで接続を受け付けるWebサーバを考えてみましょう。

　単一のプロセスでWebサービスを動作させている場合、**図9.1**のように、1つのプロセス内でIPv4ソケットとIPv6ソケットの両方がTCPの80番というポート番号で待ち受けをすることになります。

196

9.2 IPv4とIPv6の両方を使う場合のソケットとポート

図9.1 IPv4とIPv6の両方でTCP 80番ポートを使う

ソケットがどのようなプロトコルスタックを使うのかは、ソケットを生成する時点で指定します。

第7章で紹介したように、IPv4用のソケットを生成する場合には、socketシステムコールの第1引数を`AF_INET`にします。IPv4 TCPのソケットを生成する場合には、以下のようにします。

```
socket(AF_INET, SOCK_STREAM, 0)
```

IPv6用のソケットを生成する場合には、以下のようにsocketシステムコールの第1引数を`AF_INET6`にします。

```
socket(AF_INET6, SOCK_STREAM, 0);
```

さて、今回の例では、IPv4ソケットとIPv6ソケットの両方がTCPの80番で通信を行います。

第**9**章　IPv4とIPv6の違いとは何か？

　たとえば、IPv4のソケットを2つ用意して、両方とも同じTCPの80番で待ち受けをすることはできません。しかし、IPv4とIPv6のソケットで、それぞれTCPの80番ポートで待ち受けすることはできるのです。同じTCPの80番であっても、IPv4でのTCP 80番とIPv6でのTCP 80番は、まったく別のものなのです。

9.3　IPv4とIPv6による「2つのインターネット」

　IPv4とIPv6では、使うソケットがまったく別物であることは紹介しましたが、そのようになっているのはIPv4とIPv6が別々のプロトコルであるからです。

　IPv6は、単純にIPアドレス長が32ビットから128ビットへと大きくなっただけではなく、新たに生み出されたIPv4とは似て非なるプロトコルなのです。

　「IPv4インターネット」と「IPv6インターネット」という互いに直接的な互換性がない2つのインターネットが別々に運用されているような状態です。

　インターネットをレイヤー分けして考えると、これまでのIPv4だけのインターネットは**図9.2**のように表現できます。IPを表す第3層（ネットワーク層）だけプロトコルが単一で、それ以外はすべて複数のプロトコルが存在しています。

　IPv4一択だったのです。IPv4考案当初はコンピュータも今よりもはるかに非力で、32ビットが表す空間は当時としては無限のような大きさであったのだろうと思います。

　しかし、インターネットが普及し、1人で何個ものIPアドレスを利用するような使い方が当たり前になったのでIPv4のアドレスが足りなくなってしまいました。

　そこでIPアドレス空間が広いIPv6が提案されました。しかし、「IP部分はIPv4だけ」という前提で設計されているソフトウェアや環境は世界中に溢れていることもあり、いきなり世界中のすべてをIPv6へと移行させることはできません。そこで、IPv4とIPv6の両方を同時に運用するという設計になりました。

　今までは単一であることが前提であった「IP」が1つから2つへと変わったのです。

198

9.3 IPv4とIPv6による「2つのインターネット」

図9.2 第3層のプロトコルが1つから2つに

現時点で、もうすでにIPv6のインターネットは存在しています。

一般のインターネット利用者も、サーバやネットワークの管理者も、通信が関連するプログラムを書くプログラマも、「1つが前提」であったIP層が「2つ存在しているデュアルスタック環境」になることを意識しなければならない場面が増えています。

今後、一般家庭での論理的な接続形態は以下のようになります。各家庭では、ISPを通じてインターネットへと接続するための機器であるCPE[注1]

注1) モデムやSOHOルータなどの機器の総称。

(Consumer Premises Equipment）を通じてIPv4とIPv6の両方のインターネットへと接続するようになるでしょう（**図9.3**）。

図9.3 家庭での接続方法

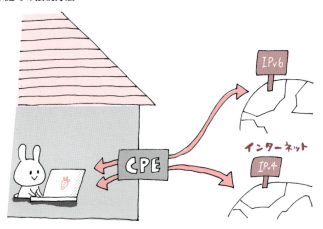

図9.3では、CPEを通じて2つのインターネットへと接続していますが、これは論理的な概念図であり、実際の物理的な接続としては、ユーザ機器とCPE間は1つの物理回線（無線や有線などでの接続は1つでCPEとつながっている状態）となります。

このように、一般家庭への配線だけを考えれば、結局は1つの回線の中にIPv4とIPv6の両方のパケットが流れるだけであり、物理的にはまったく同じ通信路やトポロジになる部分も多いです。

また、ネットワークの向こう側に存在するWebサーバなどの各種サーバは、IPv4とIPv6両方で接続できるように設定されると思われるので、まったく異なる2つのインターネットができるというよりは、「実体は同じもしくは非常に近い要素が混在している2つのインターネット」という形になります。

ということで、「2つに分離する」というのは、ちょっと言い過ぎな部分もありますが、要として1つだったものが2つに増えるというインパクトは小さくはありません。インターネットを構成しているIPは1種類であることを前提と

していたものはいろいろあるので、それが2つに増えるというのはいろいろとややこしい話があるのです。

9.4 IPv4とIPv6はまったく別のプロトコル

　IPv4とIPv6は、とにかくいろいろ違うのですが、まずはヘッダの構成要素を**図9.4**で見てみましょう。

図9.4 IPv4ヘッダとIPv6ヘッダ

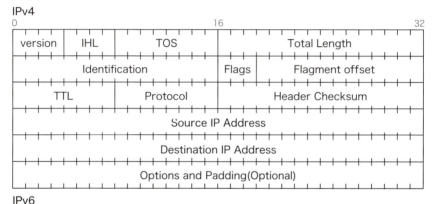

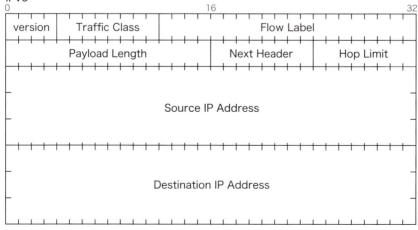

第 **9** 章　IPv4 と IPv6 の違いとは何か？

　IPv6ヘッダフォーマットは、IPv4ヘッダフォーマットと比べると、大幅に変更されているのがわかります。これらの違いから、IPv6の設計思想の一部が垣間見えます。

　IPv6では、IPv4からまったく変更されていないのは、最初のインターネットプロトコルのバージョン番号を示す4ビットのVersionフィールドだけです。IPv4ではそのフィールドが4という数値になり、IPv6では6となるという違いはありますが、フィールド名称および用途は変化していません。

　IPv4にはIPヘッダオプションという仕組みがあり、IPヘッダは可変長でしたが、IPv6ヘッダは40オクテットの固定長になりました。

　IPv6ヘッダが固定長になったため、IPv4のようにIPヘッダそのものの長さを表現する必要がなくなり、IHL（Internet Header Length）フィールドはIPv6では削除されました。

　IPv4ヘッダにあったチェックサムもIPv6ヘッダでは削除されています。IPv4開発当時と比べると回線品質が向上したことに加え、TCPやUDPなどの上位層でチェックサムによる誤り検出を行うべきであるという考えが採用されています。IPv4では、パケットが転送されるごとにTTLを減らしてチェックサムを再計算するというオーバーヘッドがありましたが、IPv6ではそれを行う必要がなくなり、その分転送処理が早く行えます。

　IPv4では、途中経路上のルータが必要に応じてパケットを分割する「フラグメンテーション」という機能がありました。しかし、IPv6では、途中経路でのフラグメンテーションも廃止されました。IPv6におけるフラグメンテーションは、パケットを送信する送信元だけが行います。それに伴い、IPv4ヘッダに存在していたIdentification、Flags、Fragment Offsetが削除されています。

　IPv4ヘッダのTotal Lengthフィールドが果たしていた役割は、IPv6ヘッダのPayload Lengthが果たしています。IPv4のTotal LengthがIPヘッダを含む長さであったのに対し、IPv6のPayload LengthはIPv6ヘッダを含まない長さであるという点が異なります。

　TTLがHop Limitになったり、ToSがTraffic Classになるなど、事実上名称

だけが変更されたフィールドもあります。

IPv4ではProtocol Typeだったフィールドの役割は、IPv6ではNext Headerとなっています。

Next HeaderはProtocol Typeの名称を変更しただけではなく、役割も変わっています。

IPv4にはIPヘッダオプションがありましたが、IPv6では同様の役割はIPv6拡張ヘッダとして実装されており、Next HeaderフィールドはIPv4のProtocol TypeフィールドとIPヘッダオプションの機能の一部を統合したような形になっています。

このように、IPヘッダを見るだけでもいろいろと違いがあるのがわかります。

9.5 そのほかにもいろいろと違いが

IPv4とIPv6の違いはヘッダだけではなりません。

リンク層プロトコルであるイーサネットから見ても、IPv4とIPv6はまったく違うプロトコルです。IPヘッダには、そのパケットが運んでいるプロトコルを示すフィールドがありますが、イーサネットヘッダにも「何を運んでいるのか」を示す「イーサネットタイプ」というフィールドがあります。IPv4のイーサネットタイプは0x0800、IPv6のイーサネットタイプは0x86ddと、それぞれ違う値になっています。

本書では詳細を割愛しますが、このほかにも、ブロードキャストの有無、マルチキャストの役割、IPv4のICMPとIPv6のICMPv6の役割の違い、プライベートIPアドレスの有無、NATの扱い、自動IPアドレス設定方法の違いなど、プロトコルとしての違いはいろいろあります。

運用面でも大きな違いがあります。ユーザへのIPアドレス割り当て方法も違うのです。特別な契約でない限り、ISPから一般的な顧客に対して割り当てられるIPv4アドレスは1つだけです。

IPv6では、ネットワークプレフィックスが割り当てられるので、ユーザは64ビット分で表現可能な空間を各自で使えます。この違いにより、IPv6では各家

第**9**章　IPv4とIPv6の違いとは何か？

庭でNATを利用しなくても、複数の機器を利用できるようになっています。

9.6　名前空間は共有している

　インターネットプロトコルという視点で見ると「IPv4とIPv6によるインターネットは別」ですが、「インターネットは1つである」という考え方もあるために、「名前」に関してはIPv4とIPv6をあえて混ぜた状態で設計されています。このように、2つなのだけど1つであり、別物であると同時に同じものであるという非常にややこしい状況になっています。

　そういった「2つであるが1つである」部分を仮想的に実現しているのがDNSです。たとえば、「www.example.com」という名前に対してIPv4とIPv6の両方を登録できます。

　Webでの通信を例として考えると、「http://www.example.com/」というURLとの通信を行うときに、IPv4で通信をしているのか、それともIPv6で通信をしているのかにかかわらず、ユーザが見たいのは「www.example.com」のWebページなのです。

　IPv4とIPv6で名前空間がまったく異なるものであった場合、IPv4では「example.com」というドメイン名の登録を行っている組織と、IPv6で「example.com」というドメイン名の登録を行っている組織が違うものになる可能性もあるのです。

　そうなってしまうと、さすがに意味不明になるので、インターネットの名前空間はIPv4とIPv6で1つになっています[注2]。IPv4インターネットとIPv6インターネットがまったく異なるネットワークであるのは、あくまで通信プロトコル上の話であり、名前空間を含めた、いわゆる「インターネット」としては「1つ」なのです。

注2)　本書では割愛しますが、このあたりの話をさらに詳しく調べたい方は、RFC 2826とRFC 4472をご覧ください。

9.7 IPv4とIPv6とDNS

2つの異なるプロトコルを「1つのインターネット」にするために名前空間を共有するということは、DNSがIPv4とIPv6の両方を扱うことを意味します。

ここまでで紹介してきたように、インターネットでの通信を行うには通信相手のIPアドレスが必要です。そこで、DNSを利用した「名前解決」が行われますが、その部分がIPv4とIPv6が混在するインターネットの大きなポイントなのです。

IPv4だけを利用する場合にはIPv4アドレスに対する名前解決が行われ、IPv6だけを利用する場合にはIPv6アドレスだけの名前解決が行われます。IPv4とIPv6の両方の利用を試みる場合には、IPv4とIPv6の両方に対する名前解決が行われます。名前に対するIPv4アドレスを示すDNSレコードはAレコード、IPv6を示すDNSレコードはAを4つ続けたAAAA（クアッドA）レコードです（**図9.5**）。

図9.5 Aレコードの問い合わせとAAAAレコードの問い合わせ

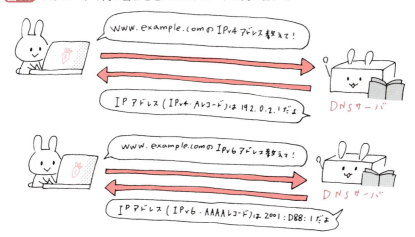

DNSサーバに対する問い合わせは単一のレコードに対してしか行えないので、名前に対するIPv4アドレスの問い合わせと、IPv6アドレスの問い合わせ

は別々に行われます[注3]。Aレコード（IPv4アドレス）の問い合わせと、AAAAレコード（IPv6アドレス）の問い合わせは、それぞれ別々のレコードに対する問い合わせなので、両方を同時には行えないのです。

そのため、IPv4とIPv6の両方のIPアドレスをDNSサーバに問い合わせる場合には、DNSサーバに対する問い合わせは2回発生します。

さて、さらに話がややこしくなるのですが、DNSサーバに対する問い合わせのトランスポートと、問い合わせの内容はまったく独立です（**図9.6**）。

図9.6 IPv4 UDPでAAAAレコードを問い合わせる場合

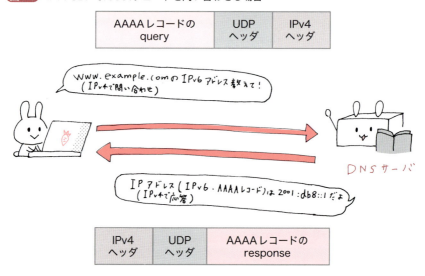

たとえば、**図9.6**のようにDNSサーバへのトランスポートはIPv4 UDPで行い、IPv6を示すAAAAレコードを問い合わせることができます。逆に、IPv6 UDPをトランスポートとして利用し、IPv4を示すAレコードを問い合わせることもできます。

注3） RFC 1035に記載されている仕様上は複数の問い合わせを1つのDNSメッセージで行えるように読めますが、複数の問い合わせを同時に含むDNSメッセージを受け入れる実装が存在しないため、単一のDNSメッセージで行える問い合わせは事実上1つだけです。

組み合わせとしては、以下の4パターンができます。

・IPv4トランスポート、A Query
・IPv4トランスポート、AAAA Query
・IPv6トランスポート、A Query
・IPv6トランスポート、AAAA Query

このように、IPv4でもIPv6の名前解決が行えるようにすることで、IPv6が整備されていない環境においても、IPv6に関連する名前解決が可能とするためという意味合いもあります。

もし、IPv6でのみAAAAの検索可能という仕様であれば、特定の名前解決を行う際に関係するすべてのDNSサーバがIPv6対応している必要が生じます。

13系統あるDNSルートサーバのうちの6系統にIPv6アドレスが設定され、IPv6トランスポートによるDNSルートサーバへの問い合わせが可能になったのが2008年2月4日です。もし、IPv6トランスポートでしかAAAAレコードの問い合わせができない仕様であったのであれば、2008年2月以前はAAAAの名前解決がすべて不可能であったということになっています。

このように、IPv4とIPv6は互換性がない別々のプロトコルでありながら、名前空間は共有しているのです。

9.8 IPv4とIPv6のどちらを使うのか判断するのはユーザ側

DNSの仕様上は、名前に関してIPv4とIPv6の問い合わせを別々に行う必要があります。

別々の問い合わせを行うということは、ユーザ側が明示的にIPv4とIPv6の両方に関して名前解決をしたいとDNSサーバに問い合わせていることになります。

このとき、DNSサーバは個々の問い合わせに回答しているだけなので、「あなたはIPv4を使いなさい」とか「あなたはIPv6を使いなさい」という指示を出

しているわけではないのです。

IPv4とIPv6の両方で運用されているWebサーバを例に考えると、サーバ側はIPv4とIPv6の両方でTCPソケットを使って接続されるのを待っていたとしても、ユーザ側がIPv6での接続を行ってくれなければ、サーバ側がIPv6での通信をユーザと行うことはできません[注4]。

たとえば、「www.example.com」というWebサイトが、IPv4とIPv6の両方で運用されていたとします。「www.example.com」の名前解決をIPv4のAレコードと、IPv6のAAAAレコードの両方に対して行い両方ともに結果が返る場合、WebブラウザはIPv4で接続するのか、それともIPv6で接続するのかを判断する必要があります。

しかし、実際に接続を試みないとIPv4とIPv6のそれぞれでTCPの接続が成功するかどうかはわかりません。そのため、**図9.7**のように、IPv4とIPv6の両方を同時に接続してしまい、先に成功した方の接続を使うという方法もあります[注5]。

図9.7 IPv4とIPv6両方で接続を試みる

[注4] IPv4とIPv6の両方が使えるユーザは、どちらを使うべきなのか？——というのが第7章で紹介したHappy Eyeballsです。
[注5] 多少IPv6の方が有利になるようなタイミングでの接続が行われることもあります。

　IPv4を使うのか、それともIPv6を使うのかを判断しているのは個々のアプリケーションであるということは、同じ環境であったとしても、アプリケーションごとにIPv4とIPv6のどちらを使うのかに関する判断が異なる可能性があります。逆に言えば、アプリケーションプログラマは、IPv4を使うのか、それともIPv6を使うのかを個々のアプリケーションごとに判断するコードを書く必要があるのです。

　昔は、IPv6での運用が非常に少なかったため、IPv4とIPv6のどちらからで通信を行うのかを考える必要は皆無でした。TCPの通信を行うには、IPv4アドレスを名前解決で得たのちにTCPで接続するだけだったのです。

　本書執筆時点では、IPv4を使うのか、それともIPv6を使うのかを判断するプログラムを書くことが強く推奨されるようになりました。IPv6がいまよりも普及するとともにIPv4の利用が非常に少なくなれば、IPv6だけでの通信となるので、IPv4とIPv6のどちらのプロトコルを使うのかを判断するという必要がなくなるかもしれません。TCP/IPの解説を行う際に「昔はIPv4というものがありました」と軽く紹介する程度になる可能性もあります。

9.9　次はNATの話です

　本章で紹介したように、IPv6対応は、ネットワークのIPv6対応、OSのIPv6対応、アプリケーションのIPv6対応という3つがそろって初めてIPv6での通信が行えます。

　IPv6の利用も世界的に徐々に増えてはいますが、本書執筆時点では、インターネットを構成する中心的にインターネットプロトコルは、IPv6ではなくIPv4です。IPv6の仕様そのものや、IPv6の運用方法も変化し続けているため、まだまだ不透明な部分も多いのが現状です。

　しかし、10年前とは違い「IPv4だけの知識さえあればTCP/IPに関しては大丈夫」という時代でもなくなってしまったのもたしかです。

第 **9** 章　IPv4とIPv6の違いとは何か？

　次の章はNATを解説します。

　NAT（Network Address Translation）は、ユーザのすぐ手前で運用されることが非常に多い技術です。NATによって多くのユーザが気がつかないところで、パケットに記載されているIPアドレスやポート番号が変更されていることを紹介していきます。

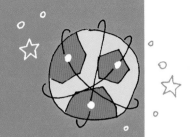

第 **10** 章
chapter 10

NATはどのように
アドレス変換しているのか？

第 **10** 章　NATはどのようにアドレス変換しているのか？

10.1　とても重要なNAT

　現在のインターネットを利用している人で、NATを使ったことがない人は稀ではないかと思えるほど、NATが各所で利用されています。

　「ソケットとポート」という切り口でインターネットを考えるとき、IPアドレスとポート番号を変換するNAT[注1]（Network Address Translation）は、隠れた重要題材と言えます。

　では、NATとは何かを見ていきましょう。

10.2　一般的な家庭内LAN

　では、最初にインターネットに接続された家庭内LANを紹介しましょう（**図10.1**）。日本でインターネットを利用するユーザは、次のような家庭内LANを利用することが多いです[注2]。

① 個別の有線接続（光ファイバ、ADSL、CATVなど）
② マンション全体で1つの回線を共有
③ 無線接続（WiMAXやスマホのテザリングなど）

注1)　もともとは、IPアドレスのみを変換するものとNAT、IPアドレスとポート番号を変換するものをNAPT（Network Adress Port Translation）と呼ばれていましたが、現在ではNAPTを含めてNATと表現されることが大半なので、本書でもNAPTを含めてNATと表現しています。

注2)　スマホの単体使用時のネットワーク構成に関しては、本書では割愛します。

212

10.2 一般的な家庭内LAN

図10.1 家庭内でのインターネット環境例

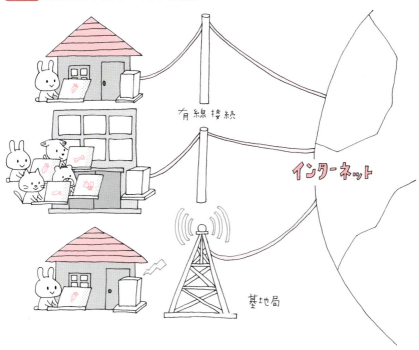

これらの環境では、NATが使われています。①の場合は家庭内にあるルータで、②の場合はマンション全体にインターネット接続サービスを提供するための設備で、③の場合はテザリングなどを行っている機器で、それぞれNATが行われています。

第 **10** 章　NATはどのようにアドレス変換しているのか？

10.3　**NATが使われるようになった理由**

　日本で一般向けの商用インターネット接続サービスが開始された1990年代前半頃は、今のようにNATを使っていませんでした。コンピュータに接続されたモデムを通じてアクセスポイントまで電話をかけると、インターネットに接続できるダイアルアップ接続が主流だったので、1つの電話回線で同時にインターネットにつなげるパソコンは1台だけというのが普通でした[注3]。

　パソコンもインターネットとともに普及しました。インターネットが普及し始めた当初は、一家に1台パソコンがあれば最先端な家庭でしたが、そのあと、複数台のパソコンを家庭内で使いたいという要求が増えていきました。従量課金の電話ではなく、ISDNやADSLなどによるインターネットへの常時接続サービスが増えていったという背景もあります。

　しかし、特別な契約をしない限り、ISPがユーザに対して提供するIPアドレスは1つだけです[注4]。IPv4アドレスが1つだけだと、インターネットに直接つなぐことができる機器は1つだけです。

　そこで登場するのが、NAT機能を持ったルータです。家庭用の簡易なNATルータは「SOHOルータ」と呼ばれたりしています。NATルータは、1つのIPアドレスで複数の機器をインターネットと通信可能にします。本来ならば1台しかつなげないところを、NATルータが仲介することによって複数の機器が通信できるようになるのです（**図10.2**）。

注3)　電話を使っていたので、インターネットの使用時間に応じて課金されたりということもありました。夜間は従量課金にならないテレホーダイというサービスを使うので「インターネットは夜に使うもの」という人々も昔は多かったのです。

注4)　IPv4の場合です。

214

10.3 NATが使われるようになった理由

図10.2 1つのIPv4アドレスで複数の機器をインターネットと通信できるように

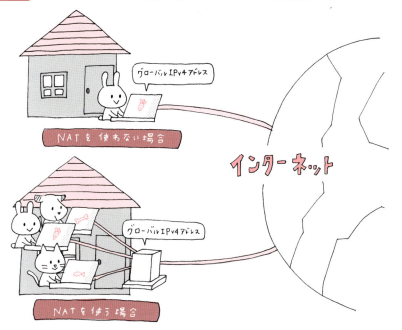

　本来なら1台しか接続できないところを複数台接続可能にするNATですが、インターネット側から見ると、NATルータに付けられたIPv4アドレスしか見えません。インターネット側から見ると、インターネットに1台の機器が接続しているようにしか見えないのです。

　さて、では、どうやってNATルータは複数の機器をインターネットと通信可能にしているのでしょうか？——その答えは、NATという名のとおり、IPv4アドレスとポート番号の変換を行うというものです。

第 **10** 章　NATはどのようにアドレス変換しているのか？

10.4　プライベートIPアドレス

　NATそのものの説明をする前に、NATで利用されることが多いプライベートIPアドレスについて紹介する必要があります。

　プライベートIPアドレスは、インターネットに直接接続しないプライベートな環境で誰でも勝手に使って良いIPv4アドレスです。普通にインターネットで使われているIPv4アドレスはグローバルIPアドレスと呼ばれています。

　以下の3つのIPv4アドレスブロックが「プライベートIPアドレス」として予約されています。

- ・10.0.0.0/8 (10.0.0.0から10.255.255.255)
- ・172.16.0.0/12 (172.16.0.0から172.31.255.255)
- ・192.168.0.0/16 (192.168.0.0から192.168.255.255)

　このプライベートIPアドレスは、インターネットが登場した当初から存在していたものではありません。プライベートIPアドレスがIANAによって予約されたことを示すRFC 1597は1994年に発行されています。

　プライベートIPアドレスが必要になった理由として、RFC 1597に記述されているのが、IPv4アドレスが枯渇してしまうかもしれないというものです。

　当時、インターネットとは直接通信をしない閉じた環境でTCP/IPを使った通信を行うシステムが増えていました。通信手段としてTCP/IPを利用する場合、通信を行う機器に対して、それぞれなんらかのIPアドレスを割り当てる必要があります。

　プライベートIPアドレスが登場する前は、世界で一意となるようなグローバルIPアドレスを閉じた環境でも利用していました。しかし、インターネットと通信するわけではない閉じた環境でグローバルIPアドレスを使うのは、グローバルIPv4アドレスの無駄遣いという考え方もできます。

　組織内で閉じて通信を行うだけであれば、その組織内においてのみIPv4ア

216

ドレスの一意性が保たれれば良いのであって、世界的に一意となるIPv4アドレスは必ずしも必要ではないのです。

インターネットで使われない閉じた環境のためにグローバルIPv4アドレスが大量に消費されてしまうことを避けるために、「閉じた環境で使うのであれば、このIPv4アドレスブロックを自由に使って良いよ」という「プライベートIPアドレス」が生まれたのです。

今では、プライベートIPアドレスがさまざまなところで使われています。身近なところでは、家庭内LANであったり、マンションで共用回線を使う場合のマンション内LAN、会社内で使うLANなどが挙げられます。

このように、プライベートIPアドレスは1994年頃に行われたIPv4アドレス在庫枯渇問題に対する対策と言えるわけです。

IPv4アドレスの中央在庫は2011年に枯渇しましたが、プライベートIPアドレスという概念が存在しないままであれば、IPv4アドレス在庫が枯渇するのは、もっと早かったことでしょう。

10.5 IPアドレスとポート番号を変換するNAT

プライベートIPアドレスは、インターネットに直接接続されていない閉じた環境で利用されるものですが、その閉じた環境であってもインターネットと通信したい場合があります。そこで使われるのがNATです。

NATの最初のRFCはRFC 1631で1994年5月発行ですが、プライベートIPアドレスがIANAに予約されたことを示すRFC 1597は1994年3月発行です。RFCの発行は2ヵ月違いですが、実際にRFCとして発行されるまでにさまざまな議論や準備が行われるため、NATとプライベートIPアドレスの両方が同時にIETFで議論されていました。NATとプライベートIPアドレスには密接な関係があるのです。

話を一般家庭でのNAT利用に戻しましょう。

第10章　NATはどのようにアドレス変換しているのか？

　NATは、IPアドレスを変換しますが、ISPに接続するためにユーザが利用する場合には、インターネット側にグローバルIPv4アドレスが利用され、家庭内のネットワークでプライベートIPv4アドレスが使われます（**図10.3**）。多くの家庭用NATルータでは、インターネット側をWAN（Wide Area Network）、家庭内ネットワーク側をLAN（Local Area Network）と記載しています[注5]。

図10.3 グローバルIPアドレスとプライベートIPアドレスを使い分けるNAT

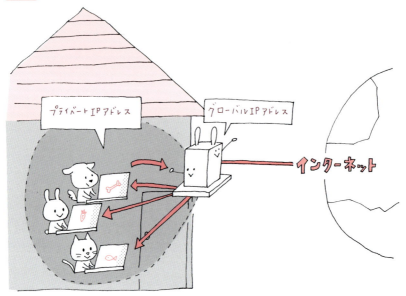

　一般的に、NATルータのLAN側でプライベートIPv4アドレスによるネットワークが運用されますが、プライベートIPv4アドレスをパケットの送信元もしくは宛先にしたパケットをインターネットで転送することはできません。プライベートIPv4アドレスというのは、あくまでプライベートな空間だけで利用されるものであり、インターネットで扱ってはならないのです。

　しかし、LAN側に接続された機器が通信を行うために送受信するパケット

注5）　ISPがユーザに提供するIPv4アドレスがプライベートIPv4アドレスという場合もあります。

IPアドレスとポート番号を変換するNAT

は、プライベートIPv4アドレスを利用したものです。なぜ、そのような環境でユーザがインターネットと通信ができるかというと、NATルータがIPパケットに設定されているプライベートIPv4アドレスをグローバルIPv4アドレスに変換してくれているからです。

NATルータは、パケットに記載されているIPアドレスやポート番号の変換を行うためのNATテーブルを持っており、そのNATテーブルに応じてパケットの内容を書き換えているのです（**図10.4**）。NATテーブルに記載されているのは、以下の9種類の情報です[注6]。NATルータでの変換前のパケット情報と変換後のパケット情報が記載されています。

- プロトコル（TCP、UDP、ICMPなど）
- LANでの送信元IPアドレス
- LANでの送信元ポート番号
- LANでの宛先IPアドレス
- LANでの宛先ポート番号
- WANでの送信元IPアドレス
- WANでの送信元ポート番号
- WANでの宛先IPアドレス
- WANでの宛先ポート番号

注6) プロトコル、内部ローカル、内部グローバル、外部ローカル、外部グローバルの5種類と表現されることもありますが、本書では9種類で説明します。

第 10 章　NATはどのようにアドレス変換しているのか？

図10.4　パケットの内容を書き換えるNATルータ

　NATルータを経由してインターネットで転送されたIPパケットは、ほかの通常のIPパケットと何も変わりません。インターネットを流れているIPパケットがNATルータを経由したものであるかそうではないのかは、IPパケットを見ただけではわからないのです。そのため、インターネットで通信を行っている相手が、NATを経由した通信を行っているのか否かは、とてもわかりにくくなっています（**図10.5**）。

図10.5　インターネット側から見たNAT

220

10.5 IPアドレスとポート番号を変換するNAT

　たとえば、同じNATルータを利用する2人のユーザがインターネットに接続されたWebサーバと通信する場合を考えてみましょう。

　ユーザの手もとにある機器に設定されたIPv4アドレスは、プライベートIPアドレスです。このとき、ユーザの手もとにある機器から送信されるIPパケットの送信元IPv4アドレスはプライベートIPアドレス、宛先IPv4アドレスはWebサーバのグローバルIPアドレスになります。NATルータを経由するとき、このIPパケットの送信元IPv4アドレスが、NATルータのWAN側IPv4アドレスに書き換えられます。

　NATルータのLAN側に接続しているユーザ1とユーザ2が同時に同じWebサーバと通信を行うとき、NATルータを経由したIPパケットの送信元IPv4アドレスは、ユーザ1とユーザ2の両方のIPパケットともにNATルータのWAN側IPv4アドレスに変換されています。Webサーバに到達したユーザ1とユーザ2のIPv4パケットは、同じ送信元IPv4アドレスを持つパケットになっているので、Webサーバにとっては「同じIPv4アドレスからの通信」に見えてしまうわけです。

　このように、間にNATルータが入ると、実際に通信を行っているのが複数人であったとしても、インターネット側から見ると1つに見えてしまいます。

> **コラム column**　「NATと呼ばれるようになったNAPT」
>
> 　1994年に発行されたRFC 1631で説明されているもともとのNATはIPアドレスだけを変換するものでしたが、そのあと、NAPT (Network Address Port Translation) と呼ばれるTCPとUDPのポート番号を考慮して単一のIPアドレスを複数のユーザが同時に利用できるようになりました。
> 　一般的に、ISPがユーザに対してIPv4を割り当てるときには、サブネット単位で割り当てるのではなく単一のIPv4アドレスを割り当てるため、そういった環境で複数の機器をインターネットに接続したいというニーズと一致し、NAPTが爆発的に普及しました。
> 　2001年に発行されたRFC 3022では、RFC 1631で定義されていたNATを「Basic NAT」と呼び、Basic NATとNAPTを合わせて「Traditional NAT」と表現しています。
> 　昨今では、NAPTのことを含んでNATと表現することが非常に多いため、本書でも基本的にNATという表現はNAPTを含んだものを示しています。
> 　NATに関連する用語定義は1999年に発行されたRFC 2663 - IP Network Address Translator (NAT) Terminology and Considerationsで紹介されているので、興味のある方は、そちらもご覧ください。

10.6 NATの動作例

　NATルータが行っている作業をもう少し詳しく見てみましょう。**図10.6**のように、2台のパソコンを家庭内で利用するためにNATルータが利用されているとします。この例では、NATルータのWAN側インターフェースにグローバルIPv4アドレス198.51.100.200が割り当てられています。LAN側ネットワークは10.0.0.0/24が利用され、NATルータのLAN側ネットワークインターフェースでは10.0.0.1というプライベートIPアドレスを利用しています。PC1は10.0.0.11というIPv4アドレスで、PC2は10.0.0.22というIPv4アドレスをそれぞれ利用しています。

図10.6 NATルータの例

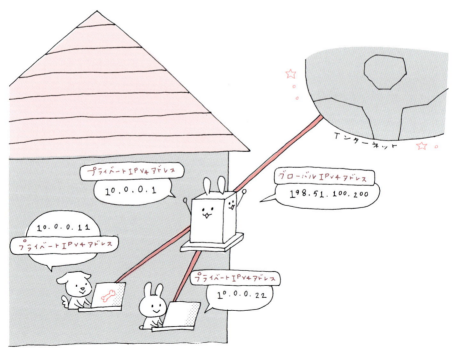

このような環境から、203.0.113.99というグローバルIPv4アドレスを持つWebサーバAへの通信を考えます。

WebサーバAは、TCPの80番ポートでWebサーバを立ち上げています。まず最初にPC1がWebサーバAのTCP 80番ポートに接続するためにTCP SYNパケットを送信します（**図10.7**）。

PC1から送信されるTCP SYNパケットの宛先ポート番号は80番、送信元ポート番号は11111番とします。PC1のデフォルトゲートウェイをNATルータのLAN側インターフェースである10.0.0.1にしているので、WebサーバAに対するTCP SYNパケットはNATルータへと送信されます。

図10.7 PC1からWebサーバAに送信されるTCP SYN

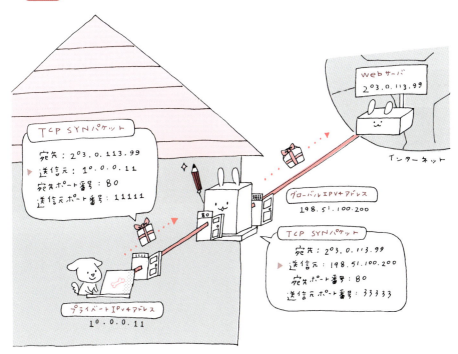

第10章 NATはどのようにアドレス変換しているのか？

PC1からWebサーバAへのTCP SYNパケットを受け取ったNATルータは、TCP SYNパケットの送信元IPv4アドレスを10.0.0.11から198.51.100.200へ、TCP SYNパケットの送信元TCPポート番号も11111から33333へと、それぞれ変更します。さらに、その変更をNATルータ内のNATテーブルへと記録しておきます（図10.8）。

図10.8　パケットのヘッダを書き換えてNATテーブルへと登録

NATルータが変更するのは、IPヘッダにあるIPv4アドレスとTCPヘッダにあるポート番号だけではありません。

IPヘッダとTCPヘッダには、パケットに含まれるデータが途中で破損していないことを確認するためのチェックサムがありますが[注7]、NATルータがヘッダを書き換えているのでチェックサムを再計算したうえで変更する必要があります。

NATルータで変換されたTCP SYNパケットは、NATルータのWAN側ネットワークインターフェースについているIPv4アドレスを送信元とするパケットとしてWebサーバAに到着します。WebサーバAは、TCP SYNパケットの接続を許可するために、TCP SYN+ACKパケットを返信します。Webサー

[注7]　IPv4ヘッダに含まれるチェックサムに関しては3.11『IPv4パケットの形』を、TCPヘッダに含まれるチェックサムに関しては4.4『セッションの識別と「ポート番号」』をご覧ください。

バAからのTCP SYN+ACKパケットがNATルータへ到着すると、NATルータはNATテーブルを確認します。

NATテーブルには、接続相手側のIPv4アドレスが203.0.113.99のTCPで、NATルータから見た送信元TCPポート番号が33333、宛先TCPポート番号が80というエントリが存在しているので、そのパケットを変換してLAN側へと転送します。

このように、LAN側にいるPC1は、特に何も気にすることなく通信を行えます。

さて、では、次にPC2もWebサーバAと通信を開始するとどうなるのかを見ていきましょう。

NATルータの挙動をわかりやすくするために、PC2からWebサーバAへの送信元TCPポート番号も11111となっているとします。

PC2からWebサーバAに向けたTCP SYNパケットがNATルータに到着すると、NATルータは、TCP SYNパケットの送信元IPv4アドレスを10.0.0.22から198.51.100.200へ、TCP SYNパケットの送信元TCPポート番号も11111から33334へと、それぞれ変更します。さらに、その変更をNATルータ内のNATテーブルへと記録しておきます（**図10.9**）。

第 **10** 章　NATはどのようにアドレス変換しているのか？

図10.9　パケットのヘッダを書き換えてNATテーブルへと登録

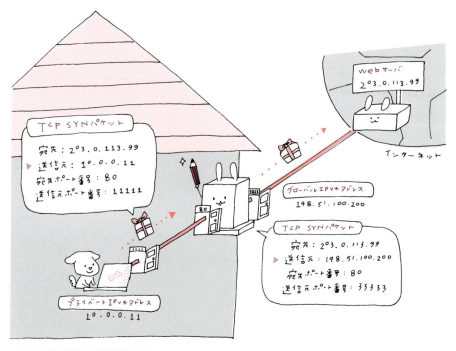

プロトコル	LAN側送信元IPアドレス	LAN側宛先IPアドレス	LAN側送信元ポート番号	LAN側宛先ポート番号	WAN側送信元IPアドレス	WAN側宛先IPアドレス	WAN側送信元ポート番号	WAN側宛先ポート番号
TCP	10.0.0.11	203.0.113.99	11111	80	198.51.100.200	203.0.113.99	33333	80
TCP	10.0.0.22	203.0.113.99	11111	80	198.51.100.200	203.0.113.99	33334	80

　NATルータには、どのようにパケット情報の変更を行うべきかのNATテーブルが作成され、同じフローに属するパケットが同じフローとして扱われるような変換が行われます。

　グローバルIPv4アドレスで運用されたインターネット側からのパケットがNATルータへと到達すると、NATテーブルに応じて変換が行われ、プライベートネットワーク内の適切な機器へとパケットが転送されるように処理されます。

　このように、IPアドレスとポート番号の変換を同時に行うことで、1つの

IPv4アドレスを複数台で有効に利用できるようにしたのがNATです。

次は視点を少し変えてみましょう。

同じNATルータを利用する2台のPCからの通信は、Webサーバからどのように見えるのでしょうか？

実は、Webサーバ側からはPC1とPC2という別々の機器からの通信ではなく、1つのグローバルIPv4アドレスから2つのTCPセッションが張られているように見えます[注8]。一般的な家庭用ルータが行っているNATは、1つのIPv4アドレスを複数台で使えるようにするものですが、サーバ側の視点で見ると1つのIPv4アドレスからの通信に見えるというのは、言われてみれば当たり前ですが、抜け落ちがちな視点です。

10.7 NATテーブルに含まれるエントリの削除

少々話がマニアックになってしまいますが、NATテーブルをいつどのように削除するのかは、NATルータの実装依存です。

NATルータは物理的な機器であり、記憶などを行える資源は有限です。NATのNATテーブルは、その有限な資源を消費しているのですが、通信がまったく行われていないセッションに割かれている資源をいつ解放するかは、NATルータの性能にも影響する重要な要素です。

インターネットにおける通信セッションは、突然途切れることもあるので、「確実にセッションが切れた」と判断できないものも多いのが現状です。

たとえば、Webブラウジング中にいきなりパソコンの通信ケーブルを抜いてしまったうえでパソコンの電源を落とした場合を考えてみましょう。このとき、Webサーバとの通信を行っている途中のパソコンは、Webサーバに対し

注8) Webの場合、実際はHTTPのUser Agent情報などで複数台を識別できますが、ここではIPv4アドレス情報だけを基に考えた場合の話をしています。

てTCP接続を終了するという連絡をまったく行えずに電源を落とされてしまっています。

Webサーバ側は、パソコン側で起きている変化を知る術がないので、通信相手が復帰した場合に備えて行われていたTCP接続の状態は一定時間維持されます。TCPで接続が成立すると、相手が突然音信不通になっても一定時間はTCP接続状態は維持されるのです。

一定時間が経過すれば、WebサーバにおけるTCP接続の状態は破棄されますが、途中経路に存在するNATルータは、WebサーバにおいてTCP接続の状態が破棄された瞬間を知ることはできません。ユーザ側のパソコン、もしくは、Webサーバ側のどちらか片方もしくは両方が、明示的にTCP接続を終了せずにTCPセッションが消えてしまったようなときには、NATルータのNATテーブルに使われることがないゴミが残ってしまうのです。

そのため、NATルータは、NATテーブルに含まれるものの利用されていないTCP通信に関しては、どこかのタイミングで「このTCP通信は破棄された」と判断しなければなりません。

コラム column 「FINを受け取ってもTCP接続が維持されることもある」

TCP接続の切断を行うためのFINパケットなどをNATルータが検知したとしても、セッション数のカウントを残さなければならないような場合もあります。たとえば、RFC 6269では、TCP接続の切断後に切断開始側が入るTIME_WAIT状態を「TCPセッションが維持されている期間」としてカウントしなければならないと書いています。

本書では割愛しますが、TIME_WAIT状態に関しては、TCPの状態遷移を参照してください。

参考資料としては、RFC 6269がお勧めです。

10.8 TCP以外のプロトコルも

　NATは、TCP以外のプロトコルにも対応しています。UDPの場合は、TCP同様にポート番号があるため、UDPのポート番号を基にNATテーブルにエントリが追加されていきます。

　NATがUDPを扱ううえで難しいのは、UDPはTCPのように接続の開始や維持を明示的に行うプロトコルでないという点です。UDPには、TCPのSYNやFINやRSTなどのように、通信の開始や終了を明示するパケットが存在しないのです。

　そのため、NATルータのLAN側からの通信が発生したときのUDPパケットのポート番号を参考にしつつNATルータにNATテーブルが追加され、NATテーブルの該当するエントリが一定時間使われなければタイムアウトするなどの実装が行われています。

　さらにややこしくなるのが、ファイル転送で利用されるFTP（File Transfer Protocol）や、IP電話などで使われるSIP（Session Initiation Protocol）などのプロトコルです。FTPやSIPは、TCPセッションが確立したあとに、そのTCPセッションを通じてIPv4アドレスの情報をやりとりします。そのため、NATルータは、IPパケットのヘッダだけではなく、TCPパケットのデータ部分に含まれるメッセージの中身も変換する必要があるのです。

　ICMPもUDP同様に通信の開始と終了を把握するのが困難なプロトコルです。そのうえ、ICMPの場合は、ポート番号などの明確な識別子が存在しないのでUDPよりもさらに難しいです。

　ICMPパケットのタイプや中に含まれているメッセージの内容に応じてNATルータが変換を行います。ICMPパケットが運んでいるデータ部分にIPv4アドレスが記述されている場合には、それも適切に変更する必要があります。

　このように、多くのNATルータが行っているのはIPパケットの送信元IPv4アドレスと宛先IPv4アドレスを変換する単純な処理だけではないのです。

10.9 増える大規模NAT

　ここまで一般家庭などで利用されるNATに関して紹介してきましたが、本書執筆時点で[注9]、ISPなどが提供する大規模なNATであるCGN（Carrier Grade NAT）も増えつつあります。

　ユーザ側CPEで行われるNATの内側で利用されるプライベートIPv4アドレス、CGNで行われる2段目のNATの内側で利用されるIPv4アドレス、CGNが接続されているIPv4インターネットで利用されるグローバルIPv4アドレスの3種類のIPv4アドレスが通信で利用されることから、「NAT444」とも呼ばれます。

図10.10　CGN (Carrier Grade NAT)

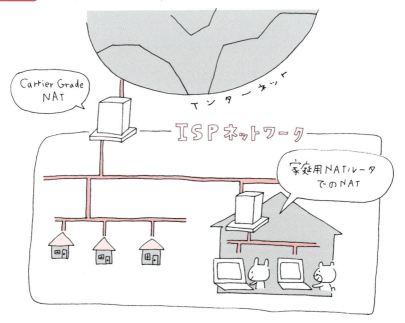

注9）2016年6月です。

10.9 増える大規模NAT

　IPv4アドレス在庫枯渇前のIPv4 NATの主な用途は、ISPなどから提供される1つのグローバルIPv4アドレスを利用して複数の機器をインターネットに接続するものでしたが、CGNはIPv4アドレス利用数を圧縮するためのものです。

　一般家庭へのインターネット接続性はISPによって提供されることが一般的ですが、特別な契約がなければ、ISPは各契約者に対して1つのIPv4アドレスを割り当てます。一般家庭用のNAT機器が普及したのは、ISPから割り当てられるIPv4アドレス1つで複数の機器をインターネットにつなぐという目的がありました。利用人数も一般家庭や中小企業など比較的人数が限定されています。

　一方、CGNはISPなどの通信事業者が運用し、多くのユーザを1つの機器へと集約します。導入される目的も「限られたグローバルIPv4アドレスを利用してインターネット接続サービスを提供すること」であるため、目的も一般家庭用のNATとは異なります。

　CGNの運用が一般ユーザに影響を与える可能性もあります。たとえば、環境によっては、ユーザ同士がサーバを介さずに直接通信を行うP2P（Peer-to-Peer）通信などが行えなくなる場合もあります。

　一般ユーザだけではなく、サーバ運用者に影響を与える可能性もあります。NATは、外部から見ると1つのIPv4アドレスだけに見えますが、実際には複数のユーザが同じIPv4アドレスを使っています。CGNの裏側にいる多くのユーザが単一のユーザとしてログに残ってしまう可能性もあるのです[注10]。

　このように、IPv4アドレスの在庫枯渇問題が、CGN運用の増加などによって一般ユーザに対しても影響を与えることがあります。

注10） Web技術では、CookieやUserAgentなどの情報を使ってある程度は個別ユーザとして計測することもできます。

第 10 章　NATはどのようにアドレス変換しているのか？

> **コラム column**　「ISP Shared Address - 100.64.0.0/10」
>
> 　CGNから各家庭にあるCPEまでのインターネットサービスプロバイダネットワークにおいて既存のプライベートIPv4アドレスを使ってしまうと、各家庭内で利用されているプライベートIPv4アドレスと競合する可能性があります。
> 　そのような競合を起こさずにサービスプロバイダ内ネットワークのグローバルIPv4アドレスを節約できるようにISP Shared Address（ISPのための共用アドレス）が2012年4月にRFC 6598「IANA-Reserved IPv4 Prefix for Shared Address Space」が発行され、100.64.0.0/10が利用可能となりました。
> 　ISP Shared Addressの感覚としては10.0.0.0/8、172.16.0.0/12、192.168.0.0/16に続いて第4のプライベートIPv4アドレスが誕生した感覚ではあると錯覚しがちですが、100.64.0.0/10はサービスプロバイダネットワーク内だけで利用されるためのもので、一般ユーザが使うものではないという点で異なります。

10.10　IPv6とNAT

　この章で紹介したNATは、IPv4に強く紐付いた技術です。IPv4では、ISPから各家庭に割り当てされるIPv4アドレスが1つだけであったため、NATを利用して複数機器がインターネットに接続できるようにする必要がありました。IPv6では、ユーザに対して単一のIPアドレスではなくネットワークプレフィックスが割り当てられる運用が主流になるため、IPv4と同様の理由でNATが必要になることはないとされています。

　しかし、現在のNATは外部からの侵入難易度を多少上昇させるというセキュリティ的な側面も持っているようにも見えることがあるため、IPv6でNATが必要であるかどうかに関しての議論が続いています[注11]。

　IPv6でもNATは必要であるという主張が散見される一方で、IETFにおいてはIPv6でのNATに反対する声が大きい印象があります。

　IETFでのIPv6 NATに対する考え方が示されている例として、RFC 5902

注11）　実際はファイアウォールで同等のことができます。

10.10 IPv6とNAT

(RFC 5902: IAB Thoughts on IPv6 Network Address Translation)が挙げられます。そこでは、サイトマルチホーミング[注12]を行うときなどにIPv6 NATが有用であることを認めつつも、インターネットにおけるEnd-to-Endでの接続性を維持するためにIPv6 NATは勧めないと書かれています。

RFC 4864では、NATを利用せずにNATと同等のセキュリティレベルを確保する方法としてLNP（Local Network Protection）が紹介されています。そこでは、NATはセキュリティを確保するために開発されたのではないと紹介されています。外部からの接続の難易度が上昇するのは、IPアドレスの変換を行うNATそのものによるものではなく、接続性確立前に外部から内部へのパケットが転送できない仕組みに起因するためです。**図10.11**に示すように外部から内部に対する通信を許可せず、内部から外部への通信だけを許可するようなフィルタリングを行う設定により、NATと同様に外から中へのTCP接続確立を遮断できるという考え方です[注13]。

図10.11 外部からの通信を遮断する設定

注12）複数の出口を持つネットワーク運営。
注13）Webブラウザ経由で中から外へと通信を開始させるような攻撃手法に対して無防備になるのは、NATも同様です。

第 **10** 章 NATはどのようにアドレス変換しているのか？

このように、IPv6におけるNATに対する否定的な意見が非常に多いのが現状です[注14]。

しかし、IPv6におけるNATがまったく存在しないわけではありません。日本国内では、NTTのフレッツ光ネクストでIPv6インターネットへの接続性を実現するために、IPv6 PPPoEでNAT66が利用されています。

そのほか、実験的な位置づけのRFCではありますが、ステートレスにNAT66を行うNPTv6（IPv6-to-IPv6 Network Prefix Translation）もRFC 6296として発行されています。本書執筆時点においては、NATはIPv6ではあまり使われない技術になりそうです[注15]。

10.11 次はサーバの仕組みです

この章では、途中経路上でポート番号やIPアドレス情報が書き換わることがあるNATについて紹介しました。現在のインターネットでは、NATなどの影響によって送信側と受信側でのソケットとポートの見え方が違うことがあるのです。

次は、大規模なWebサーバを念頭に置きつつ、ユーザ側からの通信を受け取るサーバ側の仕組みに関して解説します。

注14) IPv6におけるNATを嫌う方々も多いため、NTTフレッツ網におけるNAT66を嫌う意見をIETF界隈で見かけることもあります。

注15) NTTフレッツ網では使われています。

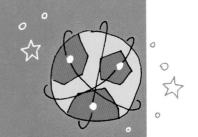

第 **11** 章
chapter 11

インターネットと
サーバの関係

第 **11** 章 インターネットとサーバの関係

11.1 インターネット上でサーバを運用する話

　ここまで、本書ではユーザ側の末端およびその周辺、そして途中経路となるインターネットに着目して紹介してきました。本書最後の章は、これまでなんとなく「サーバ」と表現していた部分を中心に説明します。

　インターネットでは、さまざまな種類のサーバが運用されていますが、ここではWebサーバを前提に説明します。

　コンピュータオタクではない多くの人々が「インターネット」と言ったとき、それが意味するのはWebであることが多いです。

　Windows 95が登場し、WebブラウザであるInternet Explorerのアイコンについていた文言が「インターネット」だったときに、多くのエンジニアが「いやいや、それはWebであってインターネットではないだろう」と言っていましたが、気が付けば、Webを「インターネット」と表現する人々が多数派になってしまいました。

　今や、多くの人々にとってWebこそインターネットなのです。多くの人々にとってWebが重要なメディアとなり、インターネットを流れるWebトラフィックも劇的に増えました。同時に、大規模なWebサーバ運用が求められることも増えました。「みんなが同時に一個所を見る」ということが増えたのです。

　想定されるユーザ数が少ないWebサーバであれば1台の機器で対処ができますが、規模が大きくなると徐々に1台の機器では対処できなくなっていきます。そうなったときに、複数のWebサーバを用いて1つのサービスを提供する必要性がでてきます。

　皆さんが日々利用している有名なWebサイトの多くは、URLだけを見ると1つのWebサーバだけで稼働しているように見えますが、実際は多くのWebサーバが稼働している場合もあるのです。本書最後の章では、そういった大規模なWebサーバ運用方法の例を紹介します。

236

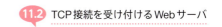

11.2 TCP接続を受け付けるWebサーバ

　第4章と第7章で、それぞれTCPサーバの処理を紹介していますが、ここでは、もう少し具体的に見ていきましょう。

　とあるWebサーバが、IPv4とIPv6のそれぞれTCP 80番ポートで接続を受け付けているとします。そのWebサーバがユーザに対してコンテンツを提供するときの流れは以下のようになります。

① Webサーバがユーザから TCP SYN パケットを受信

　あるユーザがWebブラウザを起動して、Webサーバにアクセスします。ユーザからTCP SYNパケットがWebサーバに届きます。Webサーバの IPv4アドレスは192.0.2.1、このときのユーザのIPv4アドレスは203.0.113.100です。TCP SYNパケットの宛先ポート番号は80、送信元ポート番号は11111です。

② Webサーバが TCP SYN + ACK パケットをユーザに送信

　Webサーバは、ユーザからのTCP SYNパケットを受け取るとTCP SYN+ACKパケットを返します。TCP SYN + ACKパケットの宛先ポート番号は11111、送信元ポート番号は80です。ユーザからのTCP SYN パケットとポート番号が逆なのは、Webサーバからユーザへの TCP パケットだからです。

③ ユーザが TCP ACK を送信

　ユーザは、WebサーバからのTCP SYN + ACKを受け取ると、TCP ACK を送信します。この時点で、connectシステムコールが成功するので、ユーザ側の機器内で使われているTCPソケットに対する読み書きが行えるようになります。

第 **11** 章　インターネットとサーバの関係

④ WebサーバがTCPセッションを確立

　WebサーバはユーザからのTCP ACKを受け取ると、TCPセッションを確立します。TCPセッションが確立されると、Webサービスを実現しているプロセスの中に新しいTCPソケットが生成されます（acceptシステムコールがTCPソケットを生成します）。新しいソケットを扱う方法は、いくつかありますが、この場合にはユーザとのTCP接続を扱う新たなプロセスが生成されるものとします。

⑤ ユーザが「/index.html」のGETリクエストを送信

　ユーザ側の機器では、②のあとにWebサーバに対するHTTPリクエストをTCPソケットに対して書き込みます。この例では、ユーザ側は、「/index.html」というパスをGETするリクエストするものとします。

⑥ WebサーバがTCPソケットからHTTPリクエストを読み込む

　Webサーバ側では、③のあとにユーザからのHTTPリクエストをTCPソケットから読み込みます。

⑦ WebサーバがGETリクエスト受けてコンテンツを送信

　Webサーバは、「/index.html」に対するGETがユーザからリクエストされたと解釈し、該当するコンテンツをTCPソケットに書き込みます。この例では、「/index.html」は、/usr/local/www/htdocs/index.htmlというファイルをコンテンツとして返すものとします。

⑧ WebサーバがTCPソケットを閉じる

　Webサーバは、データをすべて送り終わるとTCPソケットを閉じます（closeシステムコール）。

⑨ ユーザ側がデータから画面を表示して、TCPソケットを閉じる

　ユーザ側も機器は、Webサーバから送られてくるデータを受け取ったうえで必要に応じて結果を画面上に表示します。Webサーバからのデータをす

11.2 TCP接続を受け付けるWebサーバ

べて受け取り終わると、TCPソケットを閉じます（closeシステムコール[注1]）。

図11.1 TCP接続を受けてWebブラウザに表示するまでの流れ

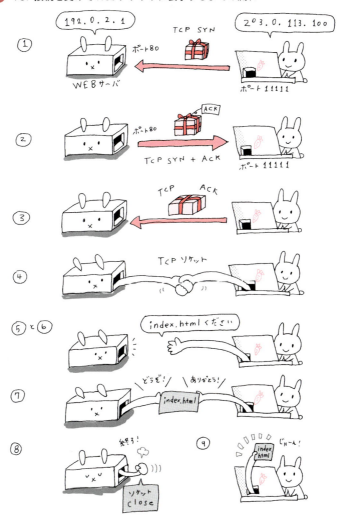

注1) closeをどの時点で行うのかは実装依存です。closeを行うタイミングでTCP FINパケットが送信されるタイミングなどが変化しますし、クライアント側で先にshutdownシステムコールを行ったほうが良いのですが、本書では詳細は割愛します。

第11章 インターネットとサーバの関係

　このような流れで、ユーザ側からのひとつひとつのリクエストが処理されていきます。こうした処理を行った結果などをアクセスログなどに記載する場合もあります。

11.3 Webサーバの限界と対処

　単一のWebサーバには、同時に処理できる接続数に限界があります。たとえば、同時に行えるTCP接続数の限界であったり、メモリ量の限界であったり、処理性能の限界などです。

　Webサーバの限界は、Webサーバが稼働している機器の性能、Webサーバソフトウェアの性能や設定などにも依存します。パケットの転送量が多いような環境では、ネットワークが性能を阻害する要因となることもあります。そういった限界に近づいたり、限界を超えてしまった場合、「Webサイトが重くなる」もしくは「Webサイトを表示できない」といった症状に陥ります。

　そのような状態にならないための対策として、「スケールアップ」と「スケールアウト」という2つの方法があります（**図11.2**）。

図11.2 スケールアップとスケールアウト

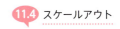

スケールアップは、Webサービスを実現するための能力を上昇させるという方法です。Webサービスを維持する能力をどのように上昇させるのかは、そのWebサービスが抱えている課題によって異なります。

たとえば、計算量が非常に多くてCPUなどの処理能力が性能を制限する因子となっている場合には、CPUのスペックがより高性能なものに変えたり、CPUのコア数を増やすといった方法が考えられます。非常に多くのメモリが必要な処理を行っていて、メモリが足りなければメモリを足します。ネットワークに問題がある場合には、ネットワークの能力を上昇させることもあります。

11.4 スケールアウト

スケールアップでの対応には限界があります。購入可能な最大スペックのサーバで対処できなくなってしまったり、サーバが接続されたネットワークの帯域限界まで通信が増えてしまうような場合もあるのです。

そういったときに行われるのが「スケールアウト」です。スケールアップは既存の機器の性能を上昇させることで、その機器ががんばれる限度を上昇させるものですが、スケールアウトはがんばる機器の数を増やします。

Webサービスを実現することを銀行のATMにたとえると、Webサイトが重い状況というのは、ATMに並ぶ人が非常に多い状態になります。ATMを利用したい人が1人だけのときには、ATMの処理時間が長かったとしても、ATMに並ぶ人はゼロのままです。その1人がATMを利用している間も、ATMが利用できるようになるまで並んで待つ人はいません。

ATMの台数よりも多い利用者が同時に訪れると、並んで待つ人が発生します。

待っている人の列ができたとしても、新しい待つ人が訪れるよりも、1人あたりの処理時間が短ければ、徐々に列は短くなり、最終的にはゼロになる瞬間がくることもあります。一時的に並ぶ人が増えたとしても、並ぶ人が増える度

第**11**章　インターネットとサーバの関係

合いよりも、1人あたりの処理時間が十分に短ければ、列に並ぶ人の数は減る
のです。

　しかし、新しく待つ人が訪れるよりも、ATMを利用する人ひとりあたりの
処理時間が長いと、列に並ぶ人は増えて続けてしまいます。「Webサイトが重
い」という状況も、ATMの待ち行列のように、新しい訪問者が訪れる時間よ
りも1人あたりの処理時間が上回ってしまうようなときに発生しがちです。

　さて、「Webサイトが重い」状況を銀行のATMに並ぶ人が定常的に非常に
長くなり続けてしまうような状況であると考えたときの対処をスケールアップ
とスケールアウトで考えてみましょう。スケールアップであれば、ATMの性
能を上昇させて1人あたりの処理時間を減らします。一方、スケールアウト
は、ATMの台数を増やして単位時間当たりに、より多くの人々の処理を行い
ます。

　話をWebサービスに戻しましょう。Webサービスにおけるスケールアウト
には、さまざまな方法があります。本書では、ユーザから見た「Webサイトの
裏側」をスケールアウトする方法と、「Webサイトの受付口」をスケールアウ
トする方法の2つを紹介します。

11.5 Webサイトの裏側をスケールアウト

　Webサーバは、ユーザからのリクエストを受け取り、それに応じた応答を
行います。それには、リクエストの内容を解析し、そのリクエストに適したコ
ンテンツを生成したうえでユーザに返すという処理が必要になります。

　Webサーバ1台で完結している環境では、ユーザから受け取ったリクエスト
を処理する作業は、1台のサーバ内ですべて行われます。ユーザからのリクエ
ストを処理するためには、CPUやメモリなどが消費されますが、Webサーバ
へのアクセスが増え過ぎると、Webサーバの処理能力を超えてしまいます。
Webサーバの処理を軽減するために、ユーザからのリクエストを解析したり、

242

コンテンツを生成するといった処理を、**図11.3**のようにWebサーバとは別の機器に担当させるという方法があります。

図11.3 別の機器がユーザからのリクエストを処理

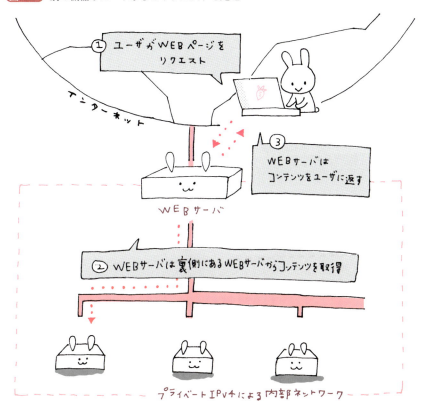

この**図11.3**では、Webサーバはユーザからの TCP 接続を受け付けると、裏側にある別のサーバへと問い合わせを行います。

この例では、裏側に複数のサーバがあるものとしていますが、裏側のサーバを選択する方法は解決したい課題によって異なります。順番に問い合わせて行く「ラウンドロビン」と呼ばれる方法や、各サーバの負荷などの状況に応じて最適なサーバを選ぶといった方法もあります。

第 **11** 章　インターネットとサーバの関係

　保持しているコンテンツをがサーバごとに異なるような場合には、ユーザからのリクエストを受け付けるWebサーバが、必要に応じて裏側のサーバを選択するような場合もあります。裏側にある別のサーバは、ユーザからのリクエストを解析するとともにコンテンツを生成して返します。

　このような構造にすることで、Webサーバは、ユーザからのリクエストを処理する負荷を裏側にあるサーバにまかせることができるのです。

　このような運用が行われるとき、裏側のネットワークではIPv4のプライベートIPアドレスが使われることが多いです。裏側のネットワークは、Webサーバからのみアクセスできればよく、グローバルなインターネット空間から直接アクセスする必要性がないためです。

　逆に言えばこのような運用方法では、Webサーバはインターネットでの受付窓口のような役割になります。

　このとき、ソケットはどのように使われているのでしょうか？

　受付口となるWebサーバでは、**図11.4**のように、ユーザからの接続を受け付けるインターネット側のネットワークインターフェースでHTTPによるTCP接続を受け付けると、新たなTCPソケットを用意して裏側にあるWebサーバからコンテンツを取得します。

11.5 Webサイトの裏側をスケールアウト

図11.4 裏側Webサーバとの通信

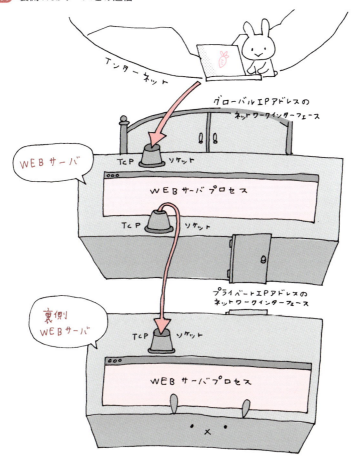

　図11.4の矢印は、TCPの接続要求を行う方向を示しています。受付口となるWebサーバへのTCP接続は、インターネットに接続しているユーザがクライアントなので、グローバルIPアドレス側のTCPソケットはacceptシステムコールによって生成されます。

　受付口となるWebサーバから裏側WebサーバへのTCP接続は、裏側Webサーバがサーバであり、受付口となるWebサーバはクライアントです。その

第**11**章 インターネットとサーバの関係

ため、受付口となるWebサーバは**connect**システムコールを使って裏側WebサーバとのTCP接続を確立します。

裏側WebサーバのTCPソケットは**accept**システムコールによって生成されます。受付口となるWebサーバからのTCP接続を受け付けるためです。

このように、インターネットに接続されたユーザからのTCPソケットとは別のTCPソケットを利用して裏側のWebサーバからのコンテンツ取得が行われます。こういった受付口Webサーバは、「リバースプロキシ（Reverse Proxy）」と呼ばれています。「リバース」という名前が付いているのは、HTTPの接続をユーザに変わって仲介する「HTTPプロキシ（HTTP Proxy）」と情報の流れが逆になるためです。HTTPプロキシがユーザのために不特定多数のWebサーバへのアクセスを仲介する一方で、リバースプロキシは逆に不特定多数からのHTTPアクセスを特定のサーバと仲介します。

11.6 Web 3層構成

ユーザからのリクエストを処理する部分とデータベース部分を分けて運用するという方法もあります。

図11.5のように、ユーザからのリクエストを処理する受付口となる「プレゼンテーション層」、ユーザからのリクエストを処理するサーバ群の「アプリケーション層」、データの保持が行われるサーバ群の「データ層」の3層に分けた運用が実施されます[注2]。

注2）「プレゼンテーション層」ではなく「Webサーバ層」と言われることがあるなど、層の名称などは統一されたものがあるわけではないのでご注意ください。

246

図11.5 Web3層構成

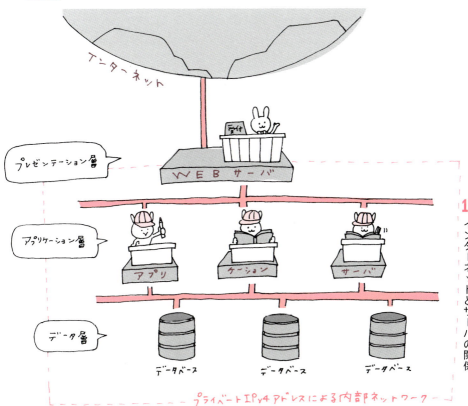

　Web 3層構成は、ユーザからのリクエストに応じて、さまざまな計算処理が必要になり、かつ、非常に多くのデータを管理するような環境でよく使われています。

　Web 3層構成でも、アプリケーション層を構成するアプリケーションサーバや、データ層を構成するデータベースサーバなどはプライベードIPアドレスで運用されます。裏側のネットワークも3層に分けることで、アプリケーション層にあるサーバ群と、データ層にあるサーバ群を、それぞれ独立にスケールアウトできるようにしてあるのが大きなポイントです。

第 11 章　インターネットとサーバの関係

11.7 Webサイトの受付口をスケールアウト

　先ほど紹介したWebの裏側をスケールアウトする方法では、受付口のパンクには対応できません。Webサイトの受付口をスケールアウトする方法としてよく使われるのが、DNSを活用して「同じ名前」を持つWebサーバを複数運用するという方法です。

　DNSサーバは、ある特定の名前に対して複数のIPアドレスを返すことができます。

　たとえば、「www.example.com」という名前に対して、192.0.2.1、192.0.2.2、192.0.2.3という3つの異なるIPv4アドレスを返すこともできます。

　図11.6のようにDNSサーバに登録されている情報を調整することにより、単一のIPアドレスでWebサーバを運用するのではなく、複数のWebサーバでの運用が可能になります。

図11.6　DNSが複数のIPアドレスを返す

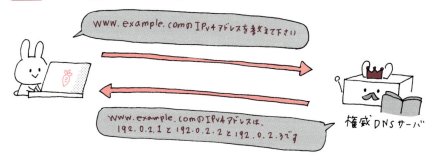

　名前解決を行ったときに複数のIPアドレスが返ってきた場合、ユーザ側は、そのうちの1つを選択して通信を行います。Webサーバの受付口への負荷を分散するために、Webサーバの名前に対応するIPアドレスを複数登録するのは、「このうちのどれかを使ってね！　どれを使うのかは任せたよ！」という意味なのです。そのため、Webサーバの名前に対して、単純に複数のIPアドレス

11.7 Webサイトの受付口をスケールアウト

を返すようにするだけでは、実際にユーザがどのIPアドレスへリクエストを出すのかはわかりません。

特定のユーザを特定のWebサーバへと誘導することを目的として、DNSサーバがユーザに応じて返すIPアドレスを変えるという仕組みもあります。DNSサーバが、そのユーザにとって最も通信品質が高くなると推測されるWebサーバのIPアドレスを返すようにすることで、ユーザが利用するWebサーバをDNSサーバで調整するというものです。どのIPアドレスがユーザにとって最適であるのかを選択する方法にはさまざまなものがありますが、たとえば、相手のIPアドレス情報から最寄りだと推測されるWebサーバを選択するというものもあります[注3]（**図11.7**）。

図11.7 DNSへの問い合わせに応じて返すIPアドレスを変える

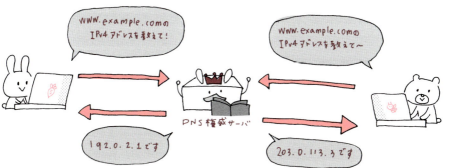

さらに、こういったWebサイトの受付口のスケールアウトと、Web 3層構成などによる裏側のスケールアウトが同時に行われることもあります（**図11.8**）。

注3） 厳密には「相手のIPアドレス情報」ではなく、「相手が使っているキャッシュDNSサーバ情報」となることが多いのですが、本書では詳細は割愛します。詳細は割愛すると言いつつですが、ユーザのネットワークに近いわけではない場所で運用されるキャッシュDNSサーバとCDNの相性が悪くなってしまう問題に関連する話に興味がある方は、RFC 7871を参照すると面白いかもしれません。

第 11 章　インターネットとサーバの関係

図11.8 受付口のスケールアウト＋Web3層構成

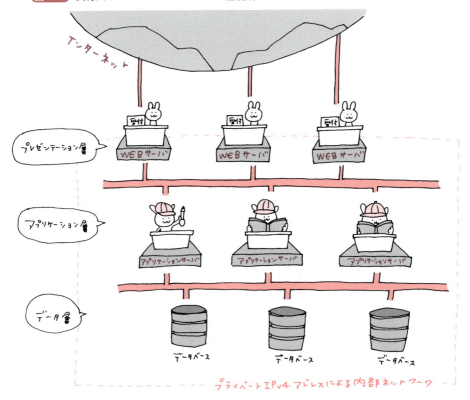

　Webサイトの受付口をスケールアウトするのと、Webサイトの裏側をスケールアウトするのは、それぞれ対処している部分が違うので、どちらか片方だけを行えば良いのではなく、両方とも必要になることも多いのです。

11.8 ロードバランサ

　スケールアウトの手法と表現するのか、受付口のスケールアップと表現するのか悩ましいところではありますが、Webサイトの受付口部分にロードバランサという機器を設置するという手法もあります[注4]。

　ロードバランサは、高性能なWeb受付口です。ロードバランサの裏側に設置されたWebサーバにユーザからのHTTPセッションを振り分けます（**図11.9**）。

図11.9 ロードバランサ

注4) GSLB（Global Server Load Balancing）機能を持つロードバランサもありますが、本書では詳細は割愛します。

第**11**章　インターネットとサーバの関係

　一言でロードバランサと言っても、機能はさまざまです。たとえば、同じユーザからのHTTPセッションは可能な限り同じ裏側Webサーバに転送するようにしたり、裏側Webサーバの負荷などを考慮しつつどの裏側Webサーバにユーザからのリクエストを転送するのかを自動計算する機能を持つものもあります。

11.9 大規模な配信を手伝うCDN

　Webサイトの視聴者が非常に多くかつ広範囲に分布している場合などには、Webサイトの受付口も広範囲に増やす必要が出てきます。しかし、そういった環境を自前で用意することが難しいことも多いため、大規模配信を提供するCDN（Content Distribution Network/Content Delivery Network）というものもあります。

　Webサイト全体をCDN事業者に依頼するようなこともあれば、コンテンツ単位でCDN事業者が配信を請け負う場合もあります。

　CDNの利用方法にはさまざまなものがありますが、先ほど紹介したDNSを利用する方法が使われることもあります。たとえば、次の**図11.10**のように、DNSサーバが示すWebサーバをCDN事業者のものとしつつ、オリジナルコンテンツを保持したオリジンサーバ（Origin Server）からCDN事業者が運営するWebサーバにコンテンツをコピーするという方法もあります。

　オリジンサーバのコンテンツをコピーする方法としては、CDN事業者のWebサーバにコンテンツをあらかじめコピーしておく方法や、CDN事業者のWebサーバがユーザからのリクエストに応じてオリジンサーバからコンテンツを動的に取得するキャッシュサーバとして動作する方法など、さまざまなものがあります。

252

図11.10 CDN利用方法の例

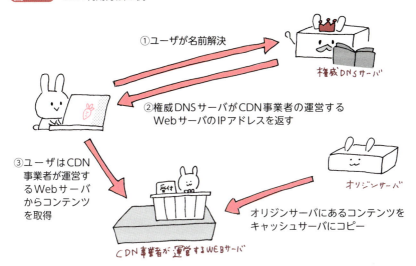

Webサイトの規模が大きくなってくると、コンテンツやサービス単位で個別のCDN事業者を利用するなど、複数のCDN事業者が同時に使われることもあります。

11.10 物理サーバ、仮想サーバ、仮想ネットワーク、クラウド

ここまで、漠然と「Webサーバ」と表現してきましたが、「Webサーバ」が物理的なサーバではなく、仮想的サーバで運用されることも増えてきました。

サーバの仮想化とは、1つの物理サーバの上で複数の仮想マシンを稼働させることによって、あたかも複数のサーバが存在しているように扱えるようにする技術です。

物理サーバで稼働する仮想マシンは、**図11.11**のような構成で動作します。物理サーバ内に仮想マシンを稼働させるのは、ハイパーバイザーと呼ばれるソフトウェアです。ハイパーバイザーは、物理サーバの資源を活用しつつ、あた

第 11 章 インターネットとサーバの関係

かもハードウェアが複数あるように見せかけることで複数のOSを稼働させることができます。各仮想マシンで動作するOSやその上で利用されるアプリケーションは、仮想環境のための特別なものである必要がないというのも大きな特徴です。

図 11.11 1つの物理マシンで複数の仮想サーバが稼働

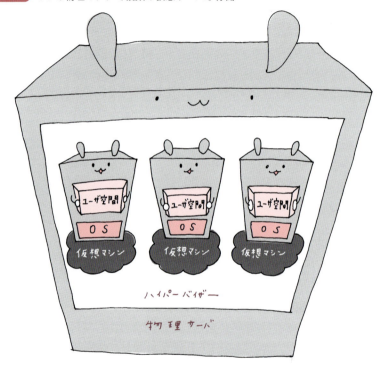

こういった仮想サーバの運用を大規模に行ったサービスが「クラウド」と呼ばれることもあります[注5]。

クラウドコンピューティング環境の普及で、ユーザが任意のタイミングで柔

注5) ここでは、クラウドコンピューティングのうちのPaas（Platform as a Service）だけを紹介していますが、IaaS（Infrastructure as a Service）や、SaaS（Software as a Service）といったクラウドコンピューティングもあります。

軟にWebサーバを構築できる環境も増えましたが、インターネット上でユーザが利用しているソケットやポートやIPアドレスなどが、「雲の中に隠れる」ような状況でもあるため、物理的にはどこでどのような通信が行われているのかが見えにくくなっているかもしれません。

11.11 日進月歩の世界です

このように、Webは非常に重要な意味を持つようになったこともあり、そのWebに関連する技術が進歩するスピードは非常に早くなっています。Webサーバは、サーバのうちの1種類でしかありませんが、Webサーバが最もお金が動く部分とも言えるため、それを取り巻く技術は今後も発達し続けるものと思われます。

大規模なWeb技術は、ユーザから見て1つに見えるサービスを複数の物理サーバで構築するものです。ユーザから見ると一個所とのつながりであったとしても、実際の通信は1人のユーザと1台のサーバがソケットとポートでつながっているわけではなく、さまざまな方法で負荷が分散されているのです。

このように、インターネットでの大規模なサービスの運用は、ソケットとポートという視点で見ると、通常とは違った側面が見えてきます。

索引 Index

欧文・数字

13系統のルートサーバ.................................140
2進数...18
3 way handshake...98
5タプル (5 Tuples).......................................93
80番ポート 22

A

AAAA (クアッドA)................................188、205
acceptシステムコール ....153、238、245
Accountability Framework........................145
ACK 99
Acknowledgement 90
ADSL..214
AFRINIC 138
APNIC 138
ARIN 138
ARPA (高等研究計画局) 5
AS (Autonomous System) ....71、75
AT＆Tベル研究所 6
Aレコード..206

B〜D

BGP (Border Gateway Protocol) 75
bind...156
ccTLD (country code Top Level Domain)
....144
CDN (Content Distribution Network)... 252
CGN (Carrier Grade NAT) 230
closeシステムコール 151
connectシステムコール 151
CPE (Consumer Premise Equipment)
....200
C言語 7

de facto standard (デファクトスタンダード)
....132
de jure standard (デジュールスタンダード)
....132
DECnet、OSI (Open Systems Interconnection)
....133
dig ....176、187
DNS (Domain Name System) ....112、205

E〜H

Echo 179
EGP (Exterior Gateway Protocol) 73
FTP (File Transfer Protocol).....................229
gai.conf 173
gcc (GNU Compiler Collection) 148
GET 27
getaddrinfo 169
gethostbyname 169
GPL (GNU General Public License).......194
gTLD (generic Top Level Domain) 140
Happy Eyeballs..172
HOSTS.TXT 112
HTML (HyperText Markup Language)
....30
HTTP/2 102
HTTPリクエスト 25
HTTPレスポンス..29

I

IANA (Internet Assigned Numbers Authority)
....130、136
ICANN (Internet Corporation for Assigned
Names and Numbers) ....130、145
ICMP (Internet Control Message Protocol)
....179

ICP-1 145

IE（Internet Explorer）............................12、236

IETF（Internet Engineering Task Force）
.... 17、130

IGP（Interior Gateway Protocol）.............. 73

index.html.. 238

Internetworking Protocol 5

IP over 伝書鳩.. 134

IPv4 ....18、196

IPv4パケット 77

IPv6.. 196

IPX（Internetwork Packet eXchange）..... 133

IPアドレス 62

IPエニーキャスト 118

ISDN 214

ISO（International Organization for
Standardization）.. 132

ISP Shared Address...................................... 232

IS-IS 75

ITU（International Telecommunication Union）
.... 132

J〜N

Java 34

Joke RFC.. 134

LACNIC 138

LAN（Local Area Network）........................ 218

LIR（Local Internet Registry）................... 138

listen.. 156

LNP（Local Network Protection）............ 233

Memorandum of Understanding............ 145

MIME Type.. 140

MinGW... 149

NAPT（Network Adress Port Translation）
.... 212

NAT（Network Address Translation）
.... 212

NAT444... 230

NATテーブル ....219、227

NATルータ ....218、222

NIR（National Internet Registry）............ 138

nslookup.. 176

O〜R

OS（Operating System）................................... 6

OSPF（Open Shortest Path First）......70、75

Perl.. 34

PHP... 34

ping/ping6... 176

porta 4

porte 4

POSIX（Portable Operating System Interface）
.... 47

POST... 27

PUT... 27

RFC（Request For Comments）...........5、132

RFC 33... 5

RFC 147.. 5

RFC 604... 5

RFC 606... 5

RFC 675... 5

RFC 1149 134

RFC 1597 217

RFC 1631 217

RFC 4864 233

RFC 5902 232

RFC 6724 173

RIP... 75

RIPE NCC.. 138

RIR（Regional Internet Registry）............ 137

257

索引　Index

Ruby 33

S〜X

SIP (Session Initiation Protocol) 229

SOA (Start Of Authority) 126

socketシステムコール 151

Standards Track 134

synchronize (同期する) 99

SYNパケット 99

TCP ACK 237

TCP SYN 237

TCP (Transmission Control Protocol) 90

TCPセッション 238

TCPソケット 238

TCPプログラミング 149

TCPヘッダ 94

The Definition of a Socket 5

traceroute/traceroute6/tracert ...... 176、181

TTL (Time To Live) .... 122、178

UDP (User Datagram Protocol) 104

UDPのパケット 109

UDPのプログラミング例 161

URL (Uniform Resource Locator) 15

WAN (Wide Area Network) 218

Web 3層構成 246

Webサーバ .... 237、240

Wireshark .... 176、191

www.example.com 32

Xcode 148

XNS (Xerox Network Services) 132

和文

ア行

アプリケーション層 .... 82、246

インターネットガバナンス 127

ヴィント・サーフ 5

オリジンサーバ (Origin Server) 252

カーネル (Kernel) .... 40、95

カ行

改行コード 26

回線交換技術 55

仮想サーバ 253

仮想ネットワーク 253

仮想メモリ空間 43

キャッシュDNSサーバ 115

キャッシュの有効時間 122

国別インターネットレジストリ 138

国別コードトップレベルドメイン

(country code Top Level Domain) 140

国別トップレベルドメイン 144

クラウド 253

ゲートウェイ (gateway) 68

権威DNSサーバ 115

国際電気通信連合 132

国際標準化機構 132

コンソーシアム 131

サ行

ジャーマンスープレックス 105

ジョン・ポステル 136

自律システム 71

スキーム (scheme) 15

スケールアウト／スケールアップ 240

ステータスコード 30

セッション (session) 92

送信元ポート番号 158

ソケット (socket) .... 3、40、48

タ行

地域インターネットレジストリ 137
抽象化 46
データ層 246
デフォルトゲートウェイ 68
てへぺろ☆ 86
デュアルスタック 196
特殊用途ドメイン名 136
トランスポート層 82

ナ行

名前解決 112
名前空間 204
ネガティブキャッシュ 124
ネットマスク 62
ネットワーク層 82

ハ行

バーチャルサーキット 91
パケット（packet） 54
パケット喪失 87
反復検索 115
光海底ファイバ陸揚局 14
ファイル記述子・ファイルディスクリプタ
（file descriptor） 46
フォワーディング（forwarding） 61
輻輳制御機構 99
物理サーバ 253
物理層 82
プライベートIPアドレス .... 216、247
プレゼンテーション層 246
プレフィックス長 64
ブロードキャスト 107
プロセス 42
プロセス間通信 43

プロトコルスタック 196
分身の術 107
ベストエフォート（Best Effort／最善努力）
.... 86
ヘッダ 26
ポート .... 3、48

マ行〜ワ行

マルチキャスト 107
マルチタスク .... 7、42
マルチユーザ 7
ユニキャスト 107
リクエストライン 26
リソースレコード（Resource Record） ... 121
リンク層 82
ルータ（Router） .... 4、57
ルーティングテーブル .... 59、66、70
ルートサーバ 118
ルートゾーン 140
レイヤ2 83
レイヤ3 83
レジストラ 142
レジストリ 142
ローカルインターネットレジストリ 138
ロードバランサ 251
ロバート・カーン 5
割り当て 139
割り振り 139

おわりに

「果てしなく広がる水平線」

　冒頭でも説明したとおり、本書は、「わかりやすく技術を紹介する」ことを目指して書いています。しかし、本書はあくまで「初心者を理解した気にさせる本」であって、「理解できる本」ではないのです。

　本書が目指している「初心者にわかりやすい文章」は、中上級者にとって逆にわかりにくい文章であるというのが私の考えです。一般的に「わかりやすい」とは、「わかった気にさせる」ことであり、恐らく本当の意味で「わかる」ではありません。

　どういうことかというと、初心者向けに書かれたわかりやすい文章は非常に多くの枝葉をバッサリと切り落とすことで、考察する方向性を限定して「わかりやすさ」を確保することが多いのです。

　ある一面的な見方をしたときにその文章が正しかったとしても、詳細を突き詰めようとしたときには、「あれ？　この部分って実際はどうなっているのだろう？」という疑問が次から次へと湧いてきてしまうのです。そして、次から次へと疑問を湧かせるという意味では「中上級者にとってわかりにくい文章」になります。

　筆者は、技術理解の流れとして以下のようなものがあると感じています。

① 興味を持つ

② 少し調べてなんとなくわかった気になる

③ もうちょっと調べてわかってない部分を発見する

④ もっと調べて理解を深める

⑤ ②と③と④を永遠に繰り返す

　インターネットの技術は、非常に上手に抽象化された部分が多いとも言えます。「細かい部分はほかの人がやってくれるから、君は気にしなくて大丈夫」そんな囁きがいたるところに点在しています。

しかし、ときとして、その「細かい部分」が非常に大きな意味を持つことがあるのです。

　「基本的にはこうだよ、でも、○○という状況ではまったく違うことが起きるからね！」という部分にハマることもあります。

　そういった話が落とし穴のように作用しますが、落とし穴の存在に気がついたり、またはハマってみて初めてわかることもあるのです。

　何度か落とし穴にハマると、インターネットが無数の技術が集まることで成り立っており、それぞれの「細かい部分」は、非常に深い分野であることが見えてきます。

　多くの人々が日々利用している通信を支える技術は多岐にわたっているわけですが、それらを勉強しようと思ったときの最初の気持ちは、目の前に果てしなく広がる水平線の向こう側にある見えない土地にどうやってたどり着こうかを考えるようなものかもしれません[注1]。

　そもそも、この本を書いている筆者も「わかって」いません。今もなお、自分がわかってない部分を見つけては、調べるという作業を繰り返しつつ文章を書き続けています。半年前に自分が書いた文章を見て、「あー、あの頃は○○の部分を自分はわかっていなかったことが、今わかった」ということの連続です。筆者がインターネット技術に出会ってから20年が経ちますが、まだまだ修行は続きそうです。

　ということで、本書が「次の一歩」に向かうための入り口となれば幸いです！

注1）　写真撮影にハマり始めて高級なカメラを購入すると次はさまざまなレンズが欲しくなるという流れ
　　　があり、その状況が「レンズ沼」と表現されますが、似たようなニュアンスで「インターネット技術
　　　沼」と言えるかもしれません。

■ 著者プロフィール

小川晃通（おがわ あきみち）

　1976年生まれ。1994年に慶應義塾大学環境情報学部入学。同大学の政策・メディア研究科にて博士を取得。学生時代、IETFにてRFC 3189とRFC 3190の共同著者としてRFC策定にかかわる。大学卒業後、ソニー株式会社にてホームネットワークにおける通信技術開発に従事。2007年に同社を退職し、ブログ（http://www.geekpage.jp/）などでの執筆活動に専念。アルファブロガーアワード2011受賞。現在に至る。スポーツとITというテーマでの活動も行う。1997年より19年間、全日本剣道連盟情報小委員会委員として剣道界でIT関連の活動を続ける（2016年現在）。剣道以外の競技にかかわる方々の「ITの困った」に対するアドバイスや手伝いも。本書執筆時は、特定の競技に依存しない効率的な動作スキルに興味を持ち、執筆の合間に試行錯誤しながらトレーニングを行う。本書原稿の多くは筋肉痛を抱えながらの執筆でした。

Staff

● 本文設計・組版	BUCH+
● カバーイラスト・本文イラスト	aico
● 装丁	Rocket Bomb（簑原 圭介）
● 担当	池本公平
● Webページ	http://gihyo.jp/book/2016/978-4-7741-8570-5

※本書記載の情報の修正・訂正については当該Webページで行います。

ソフトウェア デザイン プラス
Software Design plus シリーズ

ポートとソケットがわかれば
インターネットがわかる
──TCP/IP・ネットワーク技術を
　学びたいあなたのために

2016年12月15日　初版　第1刷発行

著者	小川 晃通（おがわ あきみち）
発行者	片岡 巌
発行所	株式会社技術評論社 東京都新宿区市谷左内町21-13 　電話　03-3513-6150　販売促進部 　　　　03-3513-6170　雑誌編集部
印刷／製本	港北出版印刷株式会社

定価はカバーに表示してあります。

本書の一部または全部を著作権法の定める範囲を超え、無断で複写、複製、転載、あるいはファイルに落とすことを禁じます。

ⓒ 2016　小川晃通

> 造本には細心の注意を払っておりますが、万一、乱丁（ページの乱れ）や落丁（ページの抜け）がございましたら、小社販売促進部まで送りください。送料負担にてお取替えいたします。

ISBN 978-4-7741-8570-5 C3055

Printed in Japan

■ お問い合わせについて

● ご質問は、本書に記載されている内容に関するものに限定させていただきます。本書の内容と関係のない質問には一切お答えできませんので、あらかじめご了承ください。

● 電話でのご質問は一切受け付けておりません。FAXまたは書面にて下記までお送りください。また、ご質問の際には、書名と該当ページ、返信先を明記してくださいますようお願いいたします。

● お送りいただいた質問には、できる限り迅速に回答できるよう努力しておりますが、お答えするまでに時間がかかる場合がございます。また、回答の期日を指定いただいた場合でも、ご希望にお応えできるとは限りませんので、あらかじめご了承ください。

■ 問合せ先

〒162-0846　東京都新宿区市谷左内町21-13
株式会社技術評論社　雑誌編集部
「ポートとソケットがわかればインターネットがわかる」係
FAX　03-3513-6179